合肥工业大学图书出版专项基金资助项目

构造带岩石的变质-变形关系研究

任升莲　李加好　编著

合肥工业大学出版社

图书在版编目(CIP)数据

构造带岩石的变质:变形关系研究/任升莲,李加好编著.—合肥:合肥工业大学出版社,2021.10

ISBN 978-7-5650-4832-6

Ⅰ.①构… Ⅱ.①任…②李… Ⅲ.①构造带—岩石变形—研究 Ⅳ.①P544

中国版本图书馆 CIP 数据核字(2019)第 301483 号

构造带岩石的变质-变形关系研究

任升莲 李加好 编著　　　　　　　责任编辑 刘 露

出　版	合肥工业大学出版社	版　次	2021 年 10 月第 1 版
地　址	合肥市屯溪路 193 号	印　次	2021 年 10 月第 1 次印刷
邮　编	230009	开　本	710 毫米×1010 毫米　1/16
电　话	理工图书出版中心:0551-62903004	印　张	10
	营销与储运管理中心:0551-62903198	字　数	190 千字
网　址	www.hfutpress.com.cn	印　刷	安徽联众印刷有限公司
E-mail	hfutpress@163.com	发　行	全国新华书店

ISBN 978-7-5650-4832-6　　　　　　　　　　定价:42.00 元

如果有影响阅读的印装质量问题,请与出版社营销与储运管理中心联系调换。

前　言

岩石圈不同层次的流变学特性是岩石圈应力-应变研究的重要内容，而构造带岩石的变质-变形研究则是流变学研究的关键和基础。所以，近年来关于构造带岩石变质作用和变形行为及二者之间关系的研究一直是地球科学研究的热点。

经过近几十年的研究，前人对不同环境条件下不同成分岩石的变形研究已积累了丰富的成果，从早期的对单矿物和单矿物岩石的变形实验研究，发展到后期对多矿物天然岩石的变形研究；研究内容也从早期单纯的岩石力学或流变学研究发展到后来多方面、多学科的综合性研究等。通过对实验岩石与天然岩石的研究，前人建立和完善了岩石圈的应力状态与流变学结构的统一。最新的研究显示，岩石圈不同层次岩石的流变类型、流变强度及流动机制主要受变形环境的影响，在不同的构造尺度上既有相似的表现，又具有明显的差异（刘俊来，2004）。因此，进一步深入研究不同环境、不同尺度下，多相岩石的变形及其由此引起的成分变化，尤其是加强对变形行为与变质类型对应关系的研究十分必要。

本书是在系统总结前人成果的基础上，结合近年来的研究工作，从晶体的缺陷、矿物的超微构造和显微构造、构造带岩石的变形、变形对变质的影响以及包裹体形迹等方面的研究入手，来探讨构造带的形成、发展和演化过程中矿物、岩石的变形特征、变形机制及成分变化，并试图建立变形与变质之间的对应关系。从构造矿物学的角度研究构造带的构造岩及其形成环境，以此推动构造变形学和构造地球化学的发展，进一步拓展成因矿物学的发展方向。

本书内容主要分为 6 章：第 1 章绪论；第 2 章从晶体的缺陷入手，介绍了矿物晶体的超微变形特征；第 3 章系统介绍了矿物晶体的变形、显微构造，并介绍显微变形构造在构造带研究中的应用；第 4 章从影响岩石力学性质及变形行为的各种因素着手，分析构造带岩石的变形机制及岩石在变形过程中的成分变化，探讨了构造带岩石变质-变形对应关系；第 5 章主要介绍了矿物包裹体形迹与变形；

第 6 章对构造岩变质-变形的研究内容和方法进行了总结。

本书核心内容是通过阐述构造岩的矿物变形特征、变形方式、变形类型、变形机制以及由此引起的变质类型和变质相，进而探讨构造带的形成机制、形成环境、演化和构造物理化学过程。

本书受国家自然科学基金项目（批准号：41572177、41502193、41272213、41072161）资助。特别感谢谭晓慧教授、王娟老师对本书相关内容的有益讨论，感谢为图件清绘的同学们。

限于作者水平及时间，本书中的不足和错误在所难免，敬请读者批评指正。

任升莲　李加好

2021 年 3 月

目　　录

第 1 章　绪　　论 ……………………………………………………………………（001）

第 2 章　矿物晶体的超微变形特征 ……………………………………………（003）

　2.1　晶体缺陷及其分类 ……………………………………………………（003）

　　2.1.1　点缺陷 ………………………………………………………………（004）

　　2.1.2　线缺陷 ………………………………………………………………（004）

　　2.1.3　面缺陷 ………………………………………………………………（005）

　　2.1.4　体缺陷 ………………………………………………………………（005）

　2.2　位　错 …………………………………………………………………（005）

　　2.2.1　基本位错类型及形成 ……………………………………………（005）

　　2.2.2　位错的运动和增殖 ………………………………………………（007）

　2.3　晶体位错组态和超微变形构造特征 ………………………………（014）

　2.4　位错的研究方法 ………………………………………………………（017）

第 3 章　矿物的显微构造与变形机制 …………………………………………（018）

　3.1　矿物晶体的变形及显微构造 ………………………………………（018）

　　3.1.1　显微破裂 …………………………………………………………（018）

　　3.1.2　晶质塑性变形 ……………………………………………………（024）

　　3.1.3　颗粒边界滑移现象 ………………………………………………（038）

　　3.1.4　扩散物质迁移 ……………………………………………………（040）

　3.2　显微变形构造在构造带研究中的应用 ……………………………（047）

　　3.2.1　应力分析 …………………………………………………………（048）

　　3.2.2　应变分析 …………………………………………………………（053）

　　3.2.3　变形温压条件分析 ………………………………………………（057）

第4章　构造带岩石变形特征和变形机制 ···················· (064)

　4.1　岩石的变形特征 ································· (064)

　　4.1.1　岩石的力学行为 ······················ (065)

　　4.1.2　影响岩石力学性质及变形行为的因素 ··········· (066)

　4.2　岩石的变形机制 ································· (072)

　　4.2.1　岩石的脆性变形机制 ··················· (072)

　　4.2.2　岩石的塑性变形机制 ··················· (073)

　　4.2.3　脆性和韧性变形间的转化及矿物的塑性变形序列 ····· (088)

　4.3　岩石在变形过程中的成分变化 ···················· (092)

　　4.3.1　剪切带物质成分变化 ··················· (093)

　　4.3.2　剪切带中流体的作用 ··················· (096)

　4.4　构造带岩石变质-变形对应关系 ···················· (098)

　　4.4.1　构造带岩石的变质相与变形相 ·············· (099)

　　4.4.2　构造带岩石的变质 ···················· (099)

　　4.4.3　韧性剪切带上的变质反应 ················· (100)

　　4.4.4　熔融作用与变形作用 ··················· (102)

　　4.4.5　岩石变质-变形对应关系 ················· (104)

第5章　矿物包裹体形迹与变形 ······················ (108)

　5.1　变斑晶晶内包裹体径迹的几何形态分类 ················ (108)

　　5.1.1　无规则型 ························· (108)

　　5.1.2　放射型 ·························· (109)

　　5.1.3　直线型 ·························· (109)

　　5.1.4　曲线型或弧型 ······················ (110)

　　5.1.5　S型 ··························· (110)

　　5.1.6　微褶皱型 ························· (111)

　　5.1.7　螺旋型 ·························· (111)

　　5.1.8　交截型 ·························· (112)

　　5.1.9　特殊型 ·························· (112)

　5.2　变斑晶晶内包裹体径迹成因模式 ··················· (113)

　5.3　变斑晶包裹体形迹在变质-变形作用中应用 ·············· (116)

第 6 章　构造带岩石变质–变形的研究内容和方法 …………………………（117）

　6.1　构造带岩石变质–变形的研究内容 …………………………（117）

　6.2　构造带岩石变质–变形的研究方法 …………………………（118）

　　6.2.1　矿物的化学成分分析及矿物温压计 …………………（118）

　　6.2.2　分维法计算矿物变形温度 …………………………（122）

　　6.2.3　石英组构测温 ……………………………………（124）

　　6.2.4　差异应力的估算 …………………………………（125）

　　6.2.5　应变速率计算 ……………………………………（128）

　　6.2.6　运动学涡度计算与韧性剪切类型分析 ………………（129）

　　6.2.7　剪切带位移量的计算方法 …………………………（133）

　　6.2.8　古应力场恢复 ……………………………………（134）

　　6.2.9　构造年代学 ………………………………………（140）

参考文献 ………………………………………………………（143）

第 1 章 绪 论

岩石圈应力-应变研究是当今地球动力学研究的前沿领域，流变学研究是岩石圈应力-应变研究的重要内容，而构造带岩石的变质-变形研究则是流变学研究的关键和基础。因此，人们迫切希望认识构造带岩石的变质类型与变形行为的成因关系，认识不同温度和压力条件下矿物形成与变形机制之间的有机联系，从而进一步揭示岩石圈演化过程中的物理化学作用、运动学和动力学特性。所以，近二十年来构造带岩石变质作用和变形行为及其二者之间关系的研究一直是地球科学研究的热点问题（赵中岩等，2005；刘正宏等，2007），而大陆造山带也成为构造带岩石的变质类型和变形行为研究的天然实验室。

对变质类型和变形行为研究的基本思路是：对大陆造山带、大型剪切带和构造带中不同类型、不同层次构造岩的组分和结构进行研究，并对二者的时空关系和成因联系进行分析和研究；核心内容就是研究构造岩的地球化学组分、矿物组合、变质程度与变形方式、变形类型，进而探索构造岩的变形机制、形成环境和构造物理化学过程。

近年来，不同环境条件、不同成分岩石的变形研究已积累了丰富的资料，从早期的对单矿物和单矿物岩石的变形实验研究，发展到后期对多矿物岩石的变形研究，研究内容也从单纯的岩石力学或流变学研究发展到后来多方面、多学科的综合性研究等。通过对天然岩石与岩石实验的研究，建立和完善了岩石圈的应力状态与流变学结构的统一（金振民，1993；索书田，1993；宋传中，1998，2000；刘俊来，2004，1999）。1976 年，Nicolas 系统地总结了主要造岩矿物的变形机制和变形结构与构造；1977 年，Sibson 对 Moine 断层带天然变形岩石进行了研究，建立了地壳断层带双层结构模型，并提出了地壳层次的概念，认为不同的地壳层次对应着不同的地质构造样式变化，他认为 5 km 以上为脆性变形域，5~10 km 为脆—韧性过渡域，10~15 km 为韧性变形域。与此同时，我国地质工作者也开展了深地壳变形岩石方面相应的研究：1987 年，张家声发现了中—浅层次岩石中石英、长石以及角砾状混合岩柔性和脆性并存的现象，提出了二相变形的概念；1988 年，中国境内发现了下地壳构造岩；1989 年，发现了中地壳构造岩；1989 年，何永年对取自 Alps 深地壳的变形岩石进行了研究，阐述了深地壳变形岩石的矿物变形特征；1989 年、1990 年，马宝林等通过天然变形和实验变形确定了矿物的变形序列，提出了变形相的概念，阐述了深层次构造岩的基本特征和层次划分；1991 年，赵中岩发表了榴辉岩相构造岩的基本特征等。相关成果丰富，不再赘述。

基于前人大量的研究成果，目前达成共识的是地壳岩石的变形相共划分为三个基本层次和五个变形相，三个基本层次为中—上地壳、中地壳和下地壳变形层；五个变形相的命名是根据变形序列中临界塑性变形矿物或矿物组合来确定的，即石英变形相、石英斜长石变形相、二长石变形相、二长角闪石变形相和二辉石变形相。

研究显示：岩石圈不同层次岩石的流变类型、流变强度及流动机制有很大的变化，其变化受变形环境的影响十分明显。因此，进一步深入研究不同环境、不同尺度下多相岩石的流变特性，尤其对变质类型与变形行为对应关系研究的加强十分必要（刘俊来，2004）。针对不同尺度上的变形行为，研究内容是不同的：在显微或超微尺度上，主要研究晶体内部缺陷的形成因素、矿物晶体微破裂的成核与扩展、矿物变形机制以及变形过程中矿物成分变化等内容；岩石、剪切带等尺度上的研究内容主要有岩石变形机制、岩石中矿物变形序列、岩石变形环境以及剪切带的发生、发展与演化等；在更大尺度上，岩石及构造带变形效应的扩展、岩石圈的结构分层与区域不均匀性等方面的研究意义重大，是近年来的研究热点。

因此，本书在总结前人研究成果的基础上，结合近年来的工作思路和想法就构造带的形成、发展和演化过程中岩石变形-变质及其对应关系进行了一定的探讨，以供同行讨论。

第 2 章　矿物晶体的超微变形特征

　　超微变形研究过去主要用于材料领域里的金属变形研究。近年来，超微显示设备的广泛使用以及人们对矿物超微变形现象和变形机制研究的重视，使得构造带的矿物超微变形研究得到高度的重视，研究成果被广泛认可。

　　矿物晶体超微构造其实是在温度、应力、应变速率等因素的作用下，晶体缺陷特征的一种表现形式。对其进行详细的研究可以探索矿物形成时的环境条件及其对应关系，可以揭示构造带的形成环境和发展史。在晶体缺陷研究中，缺陷化学是晶体化学中的核心问题之一。通常，固相化学反应只有通过缺陷的运动（扩散）才能发生和进行。因此，晶体中的缺陷决定了晶体中物质的化学活性，而且还与晶体的光学、电学、磁学、声学、力学和热学等方面的性质密切相关。所以，岩石变形过程中晶体内部缺陷的表现以及岩石受应力作用后晶格缺陷的再排列方式就是矿物、岩石显微变形构造发育的基础。了解缺陷化学在矿物晶体变形机制中的作用，有利于掌握构造带中构造矿物、构造岩的变形机制以及变形导致的化学成分变化，有利于揭示构造带的形成、演化以及形成环境。

2.1　晶体缺陷及其分类

　　晶体缺陷（crystal defect）也称为晶格缺陷（lattice defect），其定义是在晶体结构中的局部范围内，原子的排列偏离了理想空间格子的位置，而形成错乱排列的现象。理想晶体的内部结构是质点沿着晶格的空间格子做有规律、重复的排列，是没有晶格缺陷的。实际晶体在生长过程中是有晶格缺陷的，按成因分为两种：生长缺陷和应变缺陷。缺陷可以在晶体中移动、组合、消失，它的存在会对晶体的物理性质、化学性质产生显著的影响。因此，在自然界，无论是晶体的生长还是晶体后期受到其他因素的影响，都会导致晶体内部出现不同性质的缺陷。缺陷的性质与晶体结构、晶体化学场之间具有强烈的相互制约的关系。在天然矿物中，缺陷有着十分复杂的构造。按缺陷在晶体中的几何分布特征可将晶体缺陷分为点缺陷、线缺陷、面缺陷和体缺陷。

2.1.1 点缺陷

点缺陷（point defect）是晶格的畸变区，是只涉及几个原子大小范围的晶体缺陷，包括空位缺陷、替位缺陷、填隙缺陷以及电子缺陷等（图 2-1）。

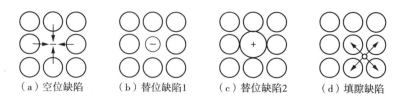

（a）空位缺陷　　（b）替位缺陷1　　（c）替位缺陷2　　（d）填隙缺陷

"＋"—正压中心；"—"—负压中心。

图 2-1　晶体中点缺陷类型示意图

空位缺陷（vacancy defect）：是指晶体空间格子中结点位置上原子的缺失，是零维缺陷。这里是典型的负压中心。在接近熔点的高温下，空位附近的原子会发生位移，形成大约十几个原子大小的非晶质区，称为松弛群，它对材料的性能，特别是固态扩散的影响巨大。

替位缺陷（replacement defect）：是指晶体空间格子结点上的原子被其他类型的原子所替换。根据外力原子半径的不同，可以在点缺陷附近产生正压或负压，导致晶体内应力场发生变化。

填隙缺陷（interstitial defect）：是指晶体空间格子中非结点位置上出现了原子，分为自间隙粒子（self-interstitials）和他间隙粒子（interstitial impurities）两种。前者指出现的是同类粒子；后者指出现的是其他类型的粒子，也称为杂质缺陷（admixture defect）。

电子缺陷（electronic defect or ionic defect）：理想完整晶体中，电子均处于最低能级，价带中的能级被完全占据，导带中没有电子。但在实际晶体中，点缺陷的存在导致在导带中有电子载流子，在价带中有空穴载流子，这类电子和空穴，统称为电子缺陷。

2.1.2 线缺陷

线缺陷（line defect）是沿晶格中某条线及周围的几个原子间距范围内的晶格缺陷，是一维缺陷，只在一维方向上有缺陷，在二维方向上的缺陷延伸很小，包括位错和位错处的杂质原子。位错及位错的移动在矿物、岩石的塑性变形中作用非常大，它的结构构造特征是研究矿物塑性变形的重要依据。

2.1.3　面缺陷

面缺陷（planar defect）是沿晶格内或晶粒间界附近的某个面及两侧的几个原子间距范围内原子杂乱排列构成的晶格缺陷，包括小角度晶粒间界、双晶界面、畴界壁、堆垛层错等。

堆垛层错（stacking fault）是层状结构中常见的一种面缺陷。它是晶体结构层正常的周期性重复堆垛顺序在某两层间出现了错误，从而导致了沿该层间平面（称为层错面）一侧附近原子的错误排布。如在立方最紧密堆积结构中，正常的堆垛顺序为三层重复的"ABC、ABC、ABC"，如果局部出现了诸如"ABC、A/C、ABC"的顺序，则"/"便是堆垛层错所在。在形式上也可以看成是一个完整的晶格在层错面两侧晶格间发生非重复周期平移所导致的结果。

2.1.4　体缺陷

体缺陷（volume defect）是指晶体中的各种包裹体，详见第 5 章。

2.2　位　错

作为线缺陷的主要形式，位错（dislocation）过去主要用于金属材料的变形研究。现在被引入矿物晶体的受力分析研究中，对矿物晶体的超微结构与受力之间的关系研究有着重要意义。

2.2.1　基本位错类型及形成

位错是晶体生长过程中的一种线状缺陷，可以是直线也可以是曲线。位错分为原生位错和应力感生位错，它们都是矿物晶体生长过程中对所处变形环境发展、演化历史的真实记录，前人的研究表明位错的移动是晶体塑性变形的方式之一。因此，对矿物位错组态的研究有了更深的意义，它不仅可以反映其形成的温压条件，还可以用其计算差异应力值（Doukhan，1994）。

理想状态下，晶体的生长是质点在三维空间的周期性排列，晶体中的质点由于其相互间的作用力而保持在平衡位置。实际晶体生长时位错一直伴随其中，因为位错提供了生长位置，更利于质点的就位，促进晶体的生长，这就是原生位错的成因。如果晶体生长时有应力作用其上，原子就会从平衡位置产生偏移或产生滑动，已滑动原子与未滑动区的边界线就构成一种线状的晶格缺陷——位错，这就形成了应力感生位错。因此，对应力感生位错及其组态的研究有利于了解矿物的受力、受热历史及其对应关系。

位错的基本类型有刃型位错、螺型位错两种。这两种位错可以演化成多种位错亚构造，如自由位错、位错壁、位错弓弯、位错坎、位错链和位错网等。不同的位错组态对应不同的形成环境。

如果位错受到外应力作用，而晶体中又有合适的滑移面时，位错就会移动，滑移的大小（滑移间距）和方向用伯格斯矢量（Burgers vector）来描述，表示为 b。伯格斯矢量是位错在晶体额外半原子面的物质消失区出现的闭合线路中存在的闭合差。矢量的方向表示了位错的性质和位错的取向，来自同一位错源的位错具有相同的伯格斯矢量。

附加半原子面（extra half-plane of atoms）：在周期性排列的晶格结构中，有一半原子面缺失而只有原子面的另一半，似乎是有一个原子面夹在完美的晶体结构中，构成一个附加半原子面（黑色实心点表示的面）。附加半原子面在晶体内的端部构成一条线，称为位错线（实心点表示的面），它是晶体中位错的基本形式（图 2 - 2）。

刃型位错（edge dislocation）：运动方向与延伸方向垂直的位错，往往具有一个附加半原子面，并使得晶格发生畸变。刃型位错及其滑移过程示意图如图 2 - 3 所示。按伯格斯矢量、位错线及附加半原子面间的几何关系，刃型位错还有正、负之分。一般把多余的半原子面在滑移面上边的称为正刃型位错，表示为"⊥"；而把多余的半原子面在滑移面下边的称为负位错，表示为"⊤"。

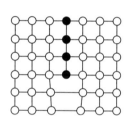

图 2 - 2　附加半原子面示意图

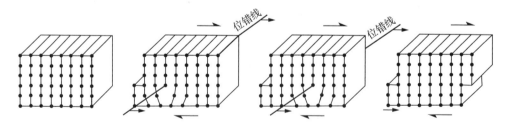

图 2 - 3　刃型位错及其滑移过程示意图

螺型位错（screw dislocation）：运动方向与延伸方向一致的位错。在位错周围原子呈螺旋形排列。根据位错线附近旋转方向的不同，螺型位错可分为左旋螺型位错和右旋螺型位错。螺型位错是一条直线，它没有多余的附加半原子面。螺型位错及滑移过程示意图如图 2-4 所示。

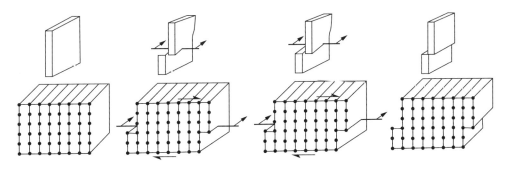

图 2-4　螺型位错及滑移过程示意图

混合位错（mixed dislocation）：它同时具有刃型位错和螺型位错的特点，原子移动方向既不像刃型位错的运动方向与位错线延伸方向垂直，也不像螺型位错的运动方向与位错线延伸方向一致，而是其运动方向与位错线成一定角度，如图 2-5（b）所示。

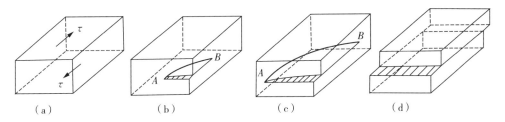

图 2-5　混合位错的滑移过程示意图

实际晶体中出现的位错常呈弧形，兼有刃型及螺型位错的特点，称为混合位错。若位错闭合于晶体内部则构成位错环，位错环的任何一部分都可分解为刃型位错、螺型位错或混合位错。

2.2.2　位错的运动和增殖

位错是晶体内部的缺陷，也是晶体内部不平衡部位，是具有最大自由能的部位。在外部应力的持续作用下，随着温度的升高，晶体内部位错随着自由能增加而发生运动，并组织起来形成各种不同的位错亚构造。位错运动是位错增殖及形成各种亚位错构造并导致晶体变形的主要途径，其运动与组织是为了使晶体内能降低。

1. 位错滑移（dislocation gliding）

如果位错受到外应力作用，而晶体中又有合适的滑移面时，位错就会移动，滑移的大小和方向用伯格斯矢量来描述。通常在剪应力作用下，原子发生位错是在包含伯格斯矢量的平面上运动，位错在晶体内沿滑移面的运动称为位错滑移。由一个结晶学面（滑移面）及该结晶学面上的某一结晶学方向（即滑移方向）共同构成晶体内部的滑移系。同一晶体内可以有多个不同的结晶学薄弱面和结晶学方向，因此也就有多个不同的滑移系。位错滑移的运动方式类似蠕虫爬行，是沿着滑移系逐步传播、移动的。

（1）刃型位错的滑移（edge dislocation gliding）

如果在刃型位错的滑移面上施加一个垂直于位错线的剪切应力，这个位错线就很容易在滑移面上产生滑移，这种滑移只涉及位错附近的原子，而离位错较远的原子基本不受位错移动的影响。因此，剪切应力不需要很大就可以实现位错滑移。

图2-6为刃型位错滑移的示意图。在外加剪切应力τ的作用下，位错中心附近的原子由"•"位置移动到小于一个原子间距的距离到达"○"的位置，使位错在滑移面上向左移动了一个原子间距。如果剪切应力继续作用，位错将继续向左逐步移动。当位错线沿滑移面滑过整个晶体而移出晶体时，就会在晶体表面产生一个沿伯格斯矢量方向的宽度为一个伯格斯矢量大小的台阶，即造成了晶体的塑性变形，如图2-6（b）所示。

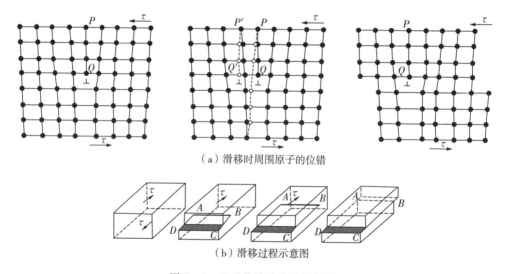

（a）滑移时周围原子的位错

（b）滑移过程示意图

图2-6　刃型位错滑移的示意图

在相同外加剪切应力的作用下，正、负刃型位错的运动方向相反，当它们相遇时会互相抵消形成没有位错的完整晶体；而两个符号相同的刃型位错相遇时叠加形成空位，如图2-7所示。

两排符号相反的刃型位错，在距离小于1 nm的两个滑移面上运动，相遇后对消而产生裂纹（crack）萌芽，如图2-8所示。

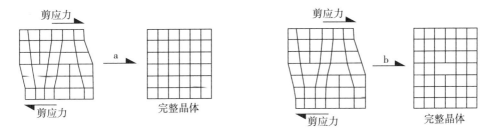

图 2-7　刃型位错的抵消湮灭与叠加形成空位示意图

图 2-8　裂纹萌芽的产生

（2）**螺型位错的滑移和交滑移**（screw dislocation gliding and cross-slip）

对于螺型位错，由于所有包含位错线的晶面都可成为其滑移面，所以螺型位错有无数个滑移面。它的位错线在晶体中可以平行于它的伯格斯矢量做任意运动。图 2-9 为螺型位错的滑移过程示意图。图 2-9（a）表示螺型位错移动时位错线周围的原子的移动情况，图中"○"表示滑移面以下的原子，"●"表示滑移面以上的原子。由图可知，同刃型位错一样，螺型位错滑移时位错线附近的原子移动量很小。所以，使螺型位错运动所需的力也很小。当位错线沿滑移面滑过整个晶体时，同样会在晶体表面沿伯格斯矢量方向产生宽度为一个伯格斯矢量的台阶，如图 2-9（b）所示。在滑移时，螺型位错的移动方向与位错线垂直，其滑移过程如图 2-9（c）所示。

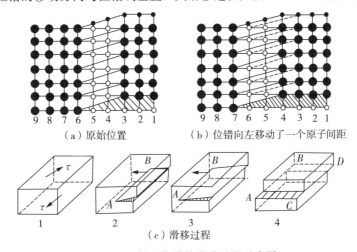

（a）原始位置　　　　　　（b）位错向左移动了一个原子间距

（c）滑移过程

图 2-9　螺型位错的滑移过程示意图

如果某一螺型位错在原滑移面上运动受阻，就有可能从原滑移面转移到与之相交的另一滑移面上继续滑移，这一过程称为交滑移。如果交滑移后的位错再转回与原滑移面平行的滑移面上继续运动，则称为双交滑移，如图 2-10 所示。

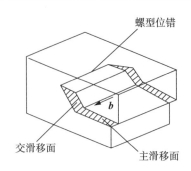

图 2-10　螺型位错的交滑移过程示意图

（3）混合位错的滑移（mixed dislocation gliding）

混合位错的滑移过程示意图如图 2-5 所示。根据确定位错线运动方向的右手法则，即以拇指代表沿着伯格斯矢量 *b* 移动的那部分晶体，食指代表位错线方向，则中指就表示位错线移动方向，该混合位错在外加剪切应力 τ 的作用下，将沿其各点的法线方向在滑移面上向外扩展，最终使上下两块晶体沿伯格斯矢量方向移动一个 *b* 大小的距离。

（4）双晶滑移（twinning gliding）

双晶滑移是近年来人们对位错研究的进展，是位错在晶体中滑移的另一种形式。位错在晶体内滑移时，晶体的一部分相对另一部分的滑移距离不为单位晶格的整数倍（图 2-11），平移滑动时角剪切应变是变化的，而双晶角剪切应变是恒定的。它的大小严格地由双晶的几何要求决定，双晶的位错滑动如图 2-12 所示。双晶滑移的结果造成了相对位移的两侧晶体，以滑移面为对称面成镜像对称。显微镜下可见机械双晶纹或变形双晶、次生双晶。双晶滑移也可以产生矿物集合的形态和结晶学优选方位。机械双晶是矿物晶体变形的一种很重要的形式，是鉴别岩石变形及推断岩石变形条件的重要依据之一。除此之外，岩石中还有生长双晶和退火双晶等。

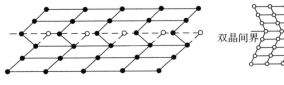 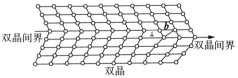

图 2-11　双晶滑移（T-双晶面）　　　图 2-12　双晶的位错滑动

通常，产生双晶滑移的剪切应力比平移滑移要高得多。因此，只有当矿物不利于产生平移滑移时才会产生双晶滑移。不利于平移滑移产生的主要因素有：晶体结构对称性差、矿物滑移系少等，天然变形矿物中常见机械双晶的有长石、方解石、角闪石和辉石。双晶滑移是晶体低温变形的重要机制之一，对方解石内的双晶几何特点研究表明：双晶的形态、厚度和密度与变形温度环境及应变速率、应变量有密切关系。

通过上述分析可知，不同类型位错的滑移方向与外加剪切应力和伯格斯矢量的方向是不同的，如图 2-13 所示。刃型位错的滑移方向与外加剪切应力 τ 及伯格斯矢量 b 一致，正、负刃型位错方向相反；螺型位错的滑移方向与外加剪切应力 τ 及伯格斯矢量 b 垂直，左、右螺型位错方向相反；混合位错的滑移方向与外加剪切应力 τ 及伯格斯矢量 b 成一定角度，晶体的滑移方向与外加剪切应力 τ 及伯格斯矢量 b 相一致。

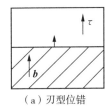 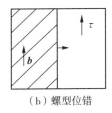 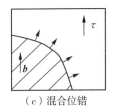

（a）刃型位错　　　　　　（b）螺型位错　　　　　　（c）混合位错

图 2-13　位错的滑移方向与外加剪切应力 τ 及伯格斯矢量 b 的关系

位错在滑移面上的移动会受到晶格摩擦力和其他缺陷的阻碍而形成堆积和缠结，导致位错的不均匀分布和位错类型的复杂多样。

当位错在一个滑移面上滑移时，如果遇到了障碍物（晶界、杂质等），位错就会被堵住，而形成位错塞积（dislocation block）（图 2-14）。位错塞积可以导致位错密度增加，使晶体强度增加，这是应变硬化的一种重要机制。

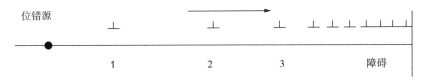

图 2-14　位错塞积（钟增球和郭宝罗，1991）

而位错缠结是位移在滑移过程中遇到其他缺陷的阻碍缠结的结果，反映的是低中温的塑性变形环境。需要注意的是：不管位错怎样滑移，都不会引起物质转移。

2. 刃型位错的攀移（edge dislocation climb）

刃型位错的攀移是位错的另一种移动形式。其实就是原子与晶体中的空位进行交换，从而造成空位移动、扩散，攀移过程比滑移要慢得多，会造成物质的扩散和迁移（图 2-15）。

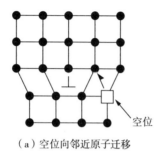 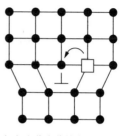

（a）空位向邻近原子迁移　　　　　　（b）空位向位错方向迁移

图 2-15　刃型位错的攀移示意图

当刃型位错的滑移平行于滑移面时，沿着半原子面的一行原子就会因半原子面的抽出而被减少，或因半原子面的挤入、插入而增加，这种现象称为刃型位错的攀移。位错攀移不具有固定的结晶学方向，一般是垂直于滑移面方向。通常把多余半原子面向上运动称为正攀移，向下运动称为负攀移。刃型位错的正、负攀移运动示意图如图 2-16 所示。位错攀移的发生往往与位错沿着滑移系滑移的过程中遇到大离子等障碍有关，为了越过障碍而引入了额外的自由度。此时滑移中的位错必须沿着其他方向，同时晶体内部发生结构调整，使得位错向较低能态方向发展。位错攀移是一个扩散过程，借助于空位或质点的扩散而产生运动。

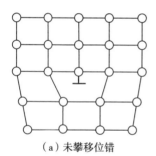 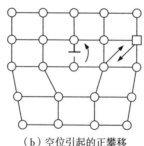 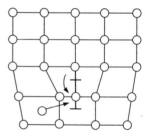

（a）未攀移位错　　　　　　（b）空位引起的正攀移　　　　　　（c）间隙原子引起的负攀移

图 2-16　刃型位错的正、负攀移运动示意图

位错攀移需要热激活，较滑移所需的能量更大。对于大多数材料而言，在室温下很难进行位错的攀移；而在较高温度下，攀移较容易实现。攀移发生的条件：一是晶体内必须存在一定数量的空位；二是要有足够高的温度。

位错攀移是高温塑性流动的重要机制之一，主要是指晶体内部的某一部分，如离子、原子或某种缺陷（点缺陷：杂质、空位，线缺陷：位错）的扩散而引起的。根据控制蠕变的因素不同，蠕变可分为以下三类：①晶粒边界控制的扩散蠕变或 Coble 蠕变，是指空位通过两个晶粒边界之间的区域扩散而形成的蠕变；②晶格扩散控制的蠕变或 Nabarro-Herring 蠕变，是指扩散沿晶粒边界发生的蠕变；③位错蠕变或 Weertman 蠕变，是指空位在攀移位错之间扩散和转移形成的蠕变。这三类蠕变的温压条件各有不同，在较低温度时，晶粒边界扩散超过晶格扩散而占优势；在温度升高时，晶格扩散速率加快，晶粒边界扩散和晶格扩散都起着重要作用，在晶粒很细的多晶体中才能发生明显的 Nabarro-Herring 蠕变。高温蠕变机制的温压环境是在较高温度、较低应力与较慢应变速率条件下，大致与中下地壳及上地幔顶部的温压环境相当。前人曾对取自玄武岩和金伯利岩幔源橄榄岩包裹体的研究表明，包裹体是在热加工条件下通过位错蠕变而变形的，因而认为软流圈中的流变方式可能是位错攀移控制的位错蠕变（Nicolas、Poirier，1976）。

　　3. 位错增殖与湮灭（dislocation multiplication and annihilation）

　　由前述可知，位错在变形过程中会不断地逸出晶体表面，使晶体中的位错不断减少，或者相反符合的位错通过移动至一处，相互抵消，使位错消失。这两种都是位错湮灭的方式，都可以使晶体中的位错减少，密度降低。然而事实却恰恰相反，经过剧烈变形后的金属晶体，其位错密度不仅没有下降，还增加了 4～5 个数量级，这种现象充分说明了晶体在变形过程中位错不仅没有减少，反而在不断地增殖。所以，位错增殖机制就成为位错理论中的一个非常重要的问题。

　　位错的增殖机制有多种，其中主要的方式是 Frank-Read 双轴位错增殖机制（图 2-17）。即假设位错线 BC 的两端被钉住，在外部剪应力的作用下位错段发生弯曲，曲度随应力的增加而增大，一般在曲率 $R=1/2L$（位错线长度 $BC=L$）时达到平衡，位错停止弯曲。弯曲的位错线往往通过缩短其长度使能量减少到与作用其上的力相一致，如果无外力作用，弯曲位错线则趋于拉直。如果外力继续作用，位错继续弯曲直至形成位错环。位错环形成后如果没有外持续力施加于位错环上，那么线张力的存在将会使位错环的半径不断缩小，最终使位错环消失。如果外力继续作用其上，则位错环不断扩大，进而使晶体的滑移部分增大。另外，原位错线在位错环闭合后还可以继续增殖，位错线 BC 可以不停地产生位错，故称为位错源，即 Frank-Read 源。从直位错到位错弯弓，再到位错环，它们所受到的作用力是依次增加的。所以，应力的持续增加可以产生更多的位错，造成位错的增殖。

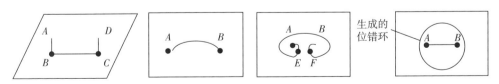

图 2-17　Frank-Read 双轴位错增殖机制示意图

2.3　晶体位错组态和超微变形构造特征

前人在稳态蠕变状态下，对不同温压条件下的单晶和多晶集合体变形、恢复及动态重结晶过程中的位错组态及亚构造特征进行了一定的研究，并建立了矿物微观变形构造与应力之间的关系，但只对少数矿物如橄榄石、方解石、石英、长石等晶体产生塑性流变的温度、应力、应变速率及其对应关系进行了一定的探索，对构造带上的其他特征矿物如石榴石、矽线石、蓝晶石等特征变质矿物的研究还不是很多。

自然晶体内部的位错既可以孤立出现，也可以按照一定的规律有序或无序地组织起来形成一定的位错亚构造。它们是研究矿物塑性变形及岩石塑性流动机制的基础。

理想晶体中原子因原子间的相互作用力而保持平衡，而位错周围的原子平面则会产生畸变，即位错在晶体中引起了一个内部弹性应变场，与此相应地是在晶体中引起了一个应力场，晶体中每个位错都处于其他位错的应力场中，都会受到力的作用。于是，晶体中所有位错往往通过滑移、攀移或两者的结合形式，在空间重新排列形成不同的位错亚构造，以降低晶体的内能。

位错的亚构造有：自由位错、位错列（壁）、位错弯弓、位错缠结、镶嵌构造、亚晶粒等。

位错通过重新排列而形成位错壁，位错壁也称为亚晶界，它引起了相邻区域之间的轻度方位差 θ，对于较大的方位差（$\theta > 12°$），位错壁被视为亚晶粒边界，将相邻的亚晶粒隔开，亚颗粒内部含有很少的位错，这种现象称为多边化，它是高温变形过程中恢复（或变形后退火过程中的恢复）的一个典型特征（Nicolas，1976）。因此，位错壁、亚晶粒、位错网等是位错滑移、攀移或两者结合的结果，属中温塑性变形（Hull，1984；Nicolas，1976）。

1. 自由位错（free dislocation）

晶体中单个离散的位错，它们没有被"编织"进任何位错"组织"（如位错壁）中去（图 2-18），自由位错的密度即单位体积（V）内所含的位错线的总长度（L），

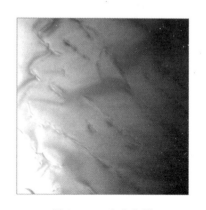

图 2-18　自由位错

也称位错密度。位错密度是一个重要的量值，达到稳态变形时的自由位错密度与外施差应力之间的函数关系是研究地质应力计的基础。

2. 位错列（dislocation array）或位错壁（dislocation wall）

位错运动过程中，刃型位错通过滑移、攀移，螺型位错通过交滑移，就可以使位错平行地排列起来（图 2-19、图 2-20），这样一个晶体就会被若干个位错壁分隔成几个晶格方位不同的区域，即亚晶粒。Nicolas 将其定义为一个晶体内由结晶学方位有小角度（$\theta < 12°$）偏转的区域所构成的多边形亚构造，它们之间为低角度的亚晶界（位错壁）所分隔（图 2-21）。位错列和位错壁是高度组织起来的自由位错，它使晶体内的自由位错排列有序化，降低了晶体的内能。

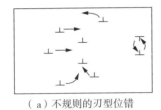

（a）不规则的刃型位错　　　　　　（b）倾斜位错壁

图 2-19　刃型位错通过滑移和攀移发生重新排列以及倾斜位错壁的示意图

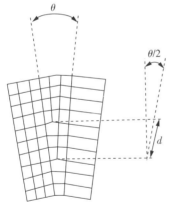

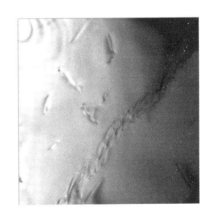

d—两个位错之间的距离；

θ—相邻两个亚晶粒之间的结晶学方位差。

图 2-20　刃型位错构成的对称型倾斜壁
重新排列形成倾斜位错壁的示意图

图 2-21　自由位错和位错壁

3. 位错弯弓（dislocation bow）和位错环（dislocation loop）

当位错的两端被固定后，在持续的外剪应力作用下，位错线会发生弯曲，形成位错弯弓（图 2-22），进一步发展会形成位错环（图 2-23）。

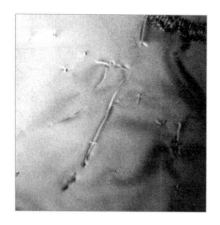

图 2-22　位错弯弓

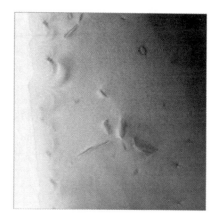

图 2-23　位错环

4. 位错缠结（dislocation tangle）

通常在较低温度下，晶体内的位错线不能打破晶格而自由地滑移或攀移形成能量更稳定的状态，导致位错产生交叉、缠绕形成位错缠结（图 2-24）。随着应力的增加，缠绕在一起的位错量会越来越大，从而使变形晶体产生硬化，硬度增加。这是金属学中典型的应变硬化过程。

5. 镶嵌构造（mosaic structure）

镶嵌构造又称为亚构造、胞状构造或网状构造，指由位错壁或位错网分隔的多个晶格方位略有不同的小区域。在动态恢复作用下，在矿物晶粒中形成亚晶粒（图 2-25）。

图 2-24　位错缠结

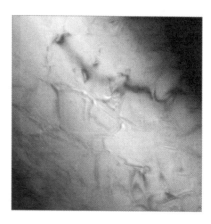

图 2-25　亚晶粒及镶嵌构造

6. 亚晶粒（subgrain）及新晶粒（new grain）

由位错壁分隔开的晶格方位不同的小区域，相邻区域结晶学方位 $\theta < 12°$ 的叫亚晶粒；相邻区域结晶学方位 $\theta > 12°$ 的叫新晶粒。

2.4　位错的研究方法

前人对位错组态及亚结构特征进行了一定的研究，并建立了矿物微观变形构造与应力之间的关系；对橄榄石、方解石、石英、长石等晶体产生塑性流变的温度、应力、应变速率及其对应关系也进行了一定的探索，但多是定性研究，定量的、精确的实验研究很少，笔者相信随着高分辨率设备的普及，对构造带内变形矿物的超微构造特征的详细观察和研究越来越多，对位错的特点与构造带的构造演化将会建立定量的关系。

目前，位错的观察和研究方法主要有以下几种。

① 透射电镜分析法：用它可以放大到极高的倍率来观察位错，是目前最常用的方法。

② 缀饰法：在透明晶体内以沉淀颗粒的方法缀饰位错。

③ 表面法（即侵蚀法）：通过化学侵蚀、电侵蚀或热侵蚀，将暴露于颗粒表面的位错显示出来。

④ X 射线衍射法：利用 X 射线散射的局部差异来显示位错。

⑤ 场离子显微术法：它可以显示单个原子的位置。

在上述的方法中，透射电镜分析法最为实用和有效，广泛用于观察位错、层错、双晶、晶界及空洞等晶体缺陷中。不仅可以观察位错的形态，还可以用衍射花样确定入射电子束及被观察样品部分的结晶学方位。

第3章 矿物的显微构造与变形机制

在应力作用下，岩石所表现的宏观构造特征，其实是各种矿物微观构造和矿物组合综合效应的体现。矿物显微构造的形成不仅受原岩的物质成分和结构的影响，也取决于岩石变形时起主导作用的变形机制。因此，建立矿物显微构造与变形的关系有利于探讨其变形机制。

3.1 矿物晶体的变形及显微构造

由于矿物的成分、变形环境和变形机制的不同，矿物晶体在应力作用下，就会形成各种不同的显微构造现象，不同的显微构造现象也是变形环境的真实记录。通常矿物晶体显微构造现象可分为四大类：显微破裂、晶质塑性变形、颗粒边界滑移和扩散物质迁移。其中，显微破裂为脆性变形，晶质塑性变形、颗粒边界滑移和扩散物质迁移为塑性变形。脆性变形是指当矿物受力时，形变很小就发生碎裂的现象；而矿物的塑性变形是指矿物在不碎裂的情况下，不能恢复形变的现象。通常发生塑性变形的应力是在物质的弹性限度内，是应力持续而缓慢作用的结果。

3.1.1 显微破裂

1. 显微破裂的形式

显微破裂作用（microfracturing）是指出现在矿物单颗粒晶体上的破裂，它们可以穿过颗粒的边界，也可以不穿过，通常有剪切破裂和张裂两种。剪切破裂的裂纹一般比较平直、紧闭，充填物较少，如矿物颗粒多被裂纹切断，并有位移，形成碎斑和碎粉；张裂是矿物颗粒被拉开，裂纹常呈锯齿状，具有开放性，且往往被充填物所充填。除了上述两种形式以外，有时也有一些复合形式，如张剪破裂和压剪破裂，则表现出两种力学性质的特征。显微裂隙又可分为晶内裂隙、粒间裂隙和穿晶裂隙三种，简述如下：

（1）晶内裂隙（intragranular microfracture）

此类裂隙起源于晶体颗粒内部，且结束于晶体颗粒内部（图 3-1、图 3-2）。

又可以是剪裂隙，也可以是张裂隙，还可以沿着晶体内部的解理方向延伸，称为解理裂隙。有时发育两组裂隙，它们与宏观裂隙特征相似。显微裂隙可以很平直、规整，也可以呈弯曲状，形态与变形时的温度、压力环境密切相关。平直规整的显微裂隙常常形成于较低的温度、压力条件下，而不规则状显微裂隙常常是晶体颗粒在脆—韧性转变条件下变形的结果。

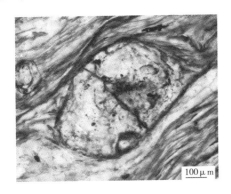

图 3-1　石榴子石晶内裂隙和
穿晶裂隙示意图

图 3-2　石英晶内裂隙和
穿晶裂隙示意图

（2）粒间裂隙（intergranular microfacture）

沿着颗粒边界出现的裂隙，其典型破裂样式是围绕变形颗粒出现的张裂隙（图 3-3）。裂隙张开的宽度可达 $20\ \mu m$ 或更宽，但不同颗粒有所不同。颗粒边界破裂形态极不规整，总体上随颗粒边界形态变化。当颗粒边界形态复杂、凹凸不平时，破裂面切过颗粒边界的凸出部分形成破裂带内的碎屑（块）。这些碎屑形态上与原始颗粒边界非常吻合，原始颗粒边界裂隙对岩石的总体应变没有很大的贡献。颗粒边界裂隙的延伸方向主要受颗粒边界制约，外施应力的方向也有着一定的影响。

（3）穿晶裂隙（transgranular microfacture）

晶内裂隙进一步发展就会形成穿晶裂隙，穿晶裂隙可以穿过颗粒边界进入相邻的晶体颗粒中（图 3-1、图 3-2）。裂隙可以是平直的剪裂隙，也可以是具有形态变化的张裂隙，主要受破裂的力学性质和破裂机制的制约。裂隙总体延伸方向与外施应力之间有着密切的相关性。

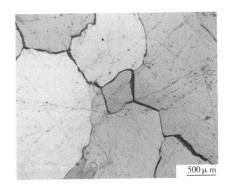

图 3-3　粒间裂隙

显微破裂作用涉及破裂成核、扩展和位移。一般认为，显微裂隙是显微破裂作用的产物。在脆性变形中，显微破裂或在晶内发育，或穿过晶界扩展，形成贯通岩石的宏观破裂。在地壳的浅部，容易产生张性或张剪性裂隙，但在地壳深部，则多产生剪裂隙。

糜棱岩中出现的显微裂隙通常有两种情况：一是出现在糜棱岩中的刚性残斑中，如"X"裂隙及书斜式构造等。在岩石变形时，往往几种变形机制同时起作用，形成一些复合成因结构，比较典型的有显微石香肠、云母鱼等。这些显微破裂只限于残斑晶体内，并不延伸到周围的基质中，它们只反映局部应力场的作用。二是出现在韧性变形过程的中后期。这可能是积累在强烈变形带中的能量缓慢释放和突然释放交替作用的结果，交替作用会使岩石的屈服点不断增大，因而在塑性变形范围内可以出现多次脆性变形。也有人认为显微破裂出现在加速蠕变阶段，因显微变形机制的调整跟不上宏观应变速度而导致变形的不连续面产生。

矿物、岩石中的破裂较易沿着面理、晶体边界、早期裂隙等强度较弱的部位产生。已形成的显微裂隙还可以以各种方式固结和愈合。裂隙是否愈合以及愈合的方式对矿物、岩石的强度影响很大。

与显微破裂有关的变形现象还有以下几种。

① 沙钟构造（hourglass structure）

矿物中由于成分或光性变化而形成的如同计时沙漏样式的一种显微构造。沙钟构造有生长成因和变形成因两种：生长沙钟构造是由包裹物或吸附杂质的不同而形成；变形沙钟构造则是由近矩形矿物受力后，沿对角线或其他方向产生一组"X"型剪切裂隙，并伴随一定的旋转或物质成分的迁移和变化而形成的。变形成因的沙钟构造是显微破裂中的一种。

② 多米诺碎斑构造（domino porphyroclastic microfacture）

多米诺碎斑构造也被称为书斜式构造或剪切阶步，是指变形矿物中沿解理或剪切裂隙错开的、呈阶梯状排列的、形似一叠多米诺骨牌样式的显微构造，其阶梯面下降方向与总体剪切方向相反［图 3 - 4（a），图 3 - 5］。

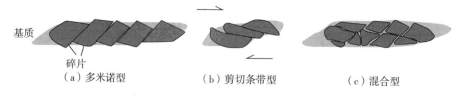

基质 　碎片
（a）多米诺型　　　　　（b）剪切条带型　　　　　（c）混合型

图 3 - 4　多米诺碎斑构造示意图（Passchier and Trouw，2005）

糜棱岩中有一些残斑内发育了一组显微剪切裂隙，沿破裂面产生了有限的滑移，残斑颗粒的边界上形成了类似阶步形态的构造，其内部破裂面间的相对滑动与外部的剪切运动指向可以是同向，也可以是反向，同向时称剪切条带型［图 3 - 4 （b）］，即其延伸方向与剪切条带面理方向一致，破裂面相对滑动方向与外部剪切运动指向一致，这种现象在斜长石中较多出现。糜棱岩中的长石常常发生脆性

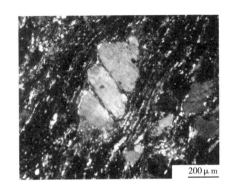

图 3 - 5 多米诺碎斑构造

变形，且以碎裂为主，不仅可以形成书斜式构造，有时在同一长石颗粒中还可以发育两组裂隙，从而形成混合型多米诺碎斑构造［图 3 - 4 （c）］。

③ 显微布丁（microboudin）

糜棱岩中一些刚性长柱状矿物颗粒沿长轴方向常常被拉断而形成显微布丁现象。

2. 显微破裂的成因

通常在低温条件下，位错活性受限，更多地表现为位错塞积和缠结，这是晶体颗粒或岩石内部微裂隙成核的主要原因。微裂隙成核与扩展是由岩石内部弹性应变能的积累、晶内缺陷的存在、晶质塑性变形过程中局部加工硬化与应变不协调性、晶内杂质向晶体颗粒边界的扩散、相转变及流体相的存在等因素造成的。

微破裂（microcracking）：由不同的变形机制形成的，主要受破裂发生时的物理化学条件制约，这些变形机制包括以下几个方面。

（1）触碰破裂机制（impingement microcraking）：由于两个相互接触的颗粒会产生局部应力场，从而导致其中一个颗粒内部产生张性破裂（图 3 - 6）。破裂形态常呈楔形，并垂直于颗粒接触边

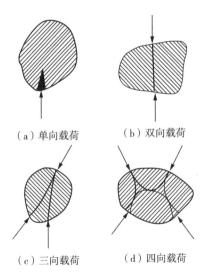

（a）单向载荷 （b）双向载荷

（c）三向载荷 （d）四向载荷

图 3 - 6 触碰破裂的几何特点

（Blenkinsop，2000）

注：箭头所指部位为微破裂发育于相邻颗粒接触的部位。

界。这种破裂在具有基质和胶结物的砂质岩石中发育，这种岩石内浑圆形碎屑颗粒与基质之间具有显著的能干性差异。

（2）缺陷致裂（flaw induced microcraking）：矿物晶体颗粒内部先存的缺陷（如先存的破裂、孔隙或颗粒边界等）都会诱发新的微破裂构造（图3-7）。这是因为外施应力作用在缺陷点上引起了局部张力，并在新的方向上产生新的破裂现象。

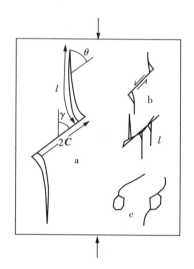

a—缺陷长度为2C，与箭头指示的微裂隙长度为l，与缺陷的夹角为θ；
b—缺陷致裂的两个实例；c—微裂隙与气泡共生的两个实例。

图3-7 缺陷致裂（Blenkinsop，2000）

（3）再破裂作用（refractured microcraking）：沿着先存的破裂面发生新的位移，使得破裂进一步发展。天然实验岩石变形中发育的破裂或微破裂构造一般具有多期活动性，它们都是再破裂作用的实例（如破裂-愈合机制发生的破裂）。

（4）解理破裂作用（cleavage microcrack）：解理作为一个先存的薄弱面，导致局部应力集中，使得微破裂沿着晶体解理的方向延伸。如黑云母晶体颗粒的（001），斜长石的（001）、（010）和（110）等解理易形成破裂。

（5）弹性失配致裂（elastic mismatch microcrack）：岩石在变形过程中，具有不同弹性特点的矿物晶体颗粒直接接触时（如云母颗粒与长石颗粒或石英颗粒接触），不同颗粒之间的弹性模量差异导致发生破裂作用（图3-8）。

（6）塑性失配致裂（plastic mismatch microcrack）：岩石在变形过程中，矿物颗粒之间出现明显塑性变形差异，从而使其间产生显著的应变差异性［图3-9（a）］。例如在石英晶粒内部的变形纹切过晶粒边界时，可以导致相邻晶粒内部出

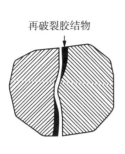
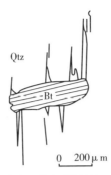

（a）愈合破裂的再破坏，
再破坏机制可由裂隙两侧
破裂的胶结物确定

（b）云母和石英接触
部位的弹性失配致裂

图 3-8　愈合破裂的再破坏及弹性失配致裂（Blenkinsop，2000）

现微破裂［图 3-9（b）］。这种作用过程常常发生在岩石脆—韧性转变时，即一些矿物优先转变为塑性变形，而其他矿物还在脆性变形时，容易发生塑性失配致裂现象。

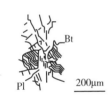

（a）塑性失稳致裂，
膝折黑云母颗粒间的
斜长石强烈微破裂

（b）变形纹尾端切过
颗粒边界形成微破裂

（c）微断层致裂，微断层破裂
与断层面相邻，楔形裂口指向
断面，并与断面斜交20°～50°

图 3-9　塑性失配致裂（Blenkinsop，2000）

（7）热致破裂（thermally-induced microcrack）：不同矿物颗粒之间膨胀系数的差异，导致相邻矿物在受热或冷却过程中出现差异膨胀或收缩，进而产生微破裂的过程。

（8）相变致裂（phase transformation-induced microcrack）：固态物相的转变会引起体积变化，进而导致破裂出现。柯石英向石英相的转变就是典型的实例，在石榴石内部的包裹体柯石英在降压过程中转变形成石英，引起体积膨胀并形成放射状裂隙。

（9）微断层致裂（microfault-induced microcrack）：因沿着断层面的剪切作用而在微断层旁侧形成侧羽状微破裂［图 3-9（c）］。

3.1.2 晶质塑性变形

晶质塑性变形是指通过晶体内部晶格调整而产生的晶体变形，主要是通过位错的运动、增殖和组织来完成的。晶质塑性变形的机制主要有：位错滑移、位错攀移、动态恢复和动态重结晶等方式。产生的变形现象主要有以下几种。

1. 变形矿物的光性异常

变形矿物的光性异常是指矿物在变形之后晶体格架发生了畸变，从而引起了矿物晶体光率体的变化，致使晶体的光性产生异常。常见的几种包括波状消光、带状消光、扭折带、变形纹等。

（1）波状消光（或不均匀消光）（undulatory extinction）是晶质塑性变形的重要标志。它是由晶体在某个滑移系上不均匀滑移或晶格发生弯曲而产生的［图3-10（a）］。它的形式有多种，如扇形消光、鼓状消光等。

（2）带状消光（banded extinction）是呈带状的一种不均匀消光现象。与波状消光不同的是波状消光的变化是连续的、渐变的；而带状消光的不同在于消光区间是截然的、突变的。正交镜下，转动载物台时，消光带由某一带到相邻带呈跳跃式过渡［图3-10（b）、图3-10（c）］，其成因主要是应力导致晶格位错的运动形成规则的位错壁，由位错壁分割成不同的消光区域。

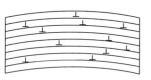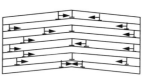

（a）晶格弯曲与位错不均匀　　（b）位错有规律排列　　（c）变形晶体两部分局部有显著错向，
　　分布导致波状消光　　　　　形成变形带　　　　　　形成亚晶粒边界或扭折带

图3-10　消光带与扭折带形成的机制（Blenkinsop，2000）

（3）扭折带（kink bands）指矿物中的标志面（如解理面、双晶面等）发生尖棱状转折，而彼此间又未失去内聚力的现象。扭折带常常出现在云母、方解石、斜长石等解理或双晶等异向性界面发育的矿物中。不同的矿物出现扭折现象的温压条件不同，因而可以利用矿物的扭折现象来推测矿物变形时所处的地质环境及应力状态。与扭折呈过渡状态的变形现象是矿物解理、双晶等的弯曲。

扭折是塑性变形的标志之一，是位错的滑移和攀移构成的位错排列，扭折带边界就是晶格中有规律排列的位错壁。当晶体在应力场中所处的方位使得其在几何学上不可能发生广泛的晶内滑移时（即主压应力方向与滑移面近于平行或夹角为0°～30°），晶体会产生位错并发生晶格弯曲。随着弯曲作用的加强，位错不断向一定的方向和位置滑移、攀移，并构成彼此平行的间隔性位错壁，晶格由几学上的弧形弯曲转变成弯折，形成扭折或扭折带［图 3 - 10 (c)，图 3 - 11 (c)］。这种位错壁既可以简单（图 3 - 11），也可以复杂（图 3 - 9）。

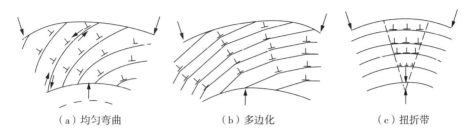

（a）均匀弯曲 （b）多边化 （c）扭折带

图 3 - 11　晶格的弯曲（Taylor，1964）

图 3 - 11 (b) 是在准静态过程中形成的扭折，即位错通过滑移或攀移聚集成位错壁，在这种情况下，扭折带其实也就是亚晶粒边界。简单的位错壁也可以在动态变形过程中产生，如图 3 - 12 所示，这种情况下晶格发生的扭折通常被称为变形带。扭折其实是晶格的旋转，旋转角度可以从几度到 80°，据此可以把双晶看成是扭折的特例。

（4）变形纹（deformation lamellae）是矿物晶体内细窄平直的或是长透镜状的薄纹层，厚为 0.1～2 μm，它一般不切穿矿物晶粒，其折射率和双折率与主晶略有不同，消光位与主晶也稍有差异，偏移 1°～3°，在正交偏光镜下是类似聚片双晶一样相间消光的亮线纹，可以与带状消光带呈高角度相伴生，有时沿变形纹可以有呈面状排列的气泡或小包裹体，这时又叫勃姆纹（böehm lamellae）。

变形纹在石英中最常见（图 3 - 13），有时在斜长石、辉石和橄榄石中也能见到，但目前对石英的变形纹研究最为详细。Ave'Lallement 和 Carter（1971）将石

图 3 - 12　变形带（双重扭折带）

（Taylor，1964）

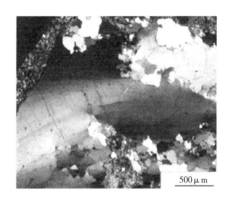

图 3 - 13　石英的变形纹

英的变形纹按与 c 轴（光轴）的夹角大小分为四类：①底面变形纹，变形纹面法线与 c 轴夹角为 $0°\sim5°$；②次底面 Ⅱ 变形纹，变形纹面法线与 c 轴夹角为 $6°\sim15°$；③次底面 Ⅰ 变形纹，变形纹面法线与 c 轴夹角为 $16°\sim30°$；④柱面变形纹，变形纹面法线与 c 轴夹角为 $81°\sim90°$。他们还从大量的天然标本中统计了石英变形纹的分布，发现夹角为 $16°\sim30°$ 的变形纹最多。与此同时还进行了实验研究，结果表明在不同的温压条件下，会有不同的变形纹出现。天然岩石中最常见的是次底面 Ⅰ 型及次底面 Ⅱ 型，在一些糜棱岩中有时可见柱面变形纹，而底面变形纹则主要出现在与冲击变质有关的岩石中。

总的说来，变形纹是一种比较复杂的显微变形构造现象，主要由晶内位错滑移产生。变形纹是岩石塑性变形的标志之一，通过变形纹可进行动力学分析。

2. 晶质塑性变形的常见现象

（1）机械双晶（mechanical twin）

机械双晶也称为应力双晶纹或次生双晶，是矿物内部晶格双晶滑移（矿物晶体塑性变形）的结果，它与原生（生长）双晶纹有明显的区别（表 3-1）。通常在碳酸盐矿物（方解石、白云石），长石，角闪石中最为常见（图 3-14～图 3-16）。

表 3-1　机械双晶与生长双晶的区别

生长双晶	机械双晶
双晶纹一般较均匀地分布于整个晶粒中	分布局部化，在应变大的部位（如破裂附近或晶粒边缘）双晶纹发育程度高，而在未应变或应变变弱的部位，双晶纹不发育或很少
双晶作用是简单的，双晶纹较稀少	双晶作用是复合的，双晶纹密度较高
单一双晶纹	一条双晶纹往往由多条更细的双晶纹组成
在一个晶粒范围内，不同条纹的厚度差异较大	在一个晶粒范围内，各条纹的厚度基本上是一致的
双晶纹通常较宽而粗大，宽度急剧改变，且呈阶梯状，双晶纹各处厚度变化之间无关系	双晶纹通常是细或非常细的，并且是逐渐地、有规律地在同一方向上一致地改变其厚变
单个双晶纹相互独立地尖灭，并且与原来的弯曲或破裂无关	双晶纹有规律地尖灭，在明显的弯曲部分呈楔状，厚度的变化横过破裂的发生，最终的双晶纹具有一种"火焰状"的特征
一般只有一个世代的双晶纹	可以出现多个世代的双晶纹，从它们的切穿关系常可以判断各期的早晚

图 3 - 14　方解石机械双晶　　　　图 3 - 15　斜长石机械双晶

（2）亚晶粒（subgrain）

在正交偏光显微镜下，矿物颗粒内分成许多消光位有微弱差异的、有规则界限的消光区，而在单偏光镜下仍为一个颗粒，这种现象称为亚晶粒化。这些具有不同消光的部分称为亚晶粒。它们是在塑性变形过程中，由位错的滑移、攀移、交滑移而形成位错壁构成的多边形化的结果，位错壁两侧的晶格方位发生了小角度的偏转。这样一个晶体就会被若干位错壁分隔成晶格方位不同的小区域，这些小区域就是亚晶粒（图 2 - 25）。普通光学显微镜下看不见位错壁，但能看见由位错壁分隔的不同小区域具有不同的消光。

亚晶粒与带状消光并无本质区别，都是由位错壁分隔的不同消光区，只是消光带为长条状的亚晶粒。

（3）动态重结晶新晶粒（dynamic recrystallization grain）

矿物变形时内部会产生位错，位错在动力和热力平衡过程中不稳定，总是趋于被消除。消除的方式可以是连续的，也可以是不连续的。连续的方式就是在晶体晶格不变的情况下，由位错重排、抵消、湮灭产生的恢复作用；不连续的方式是指生长没有位错的新晶，即重结晶作用。动态重结晶也就是在变形过程中形成的新晶粒。

动态重结晶作用包括成核和新晶粒生长两个阶段。通常变形的晶体中应变分布是不均匀的，不同应变能所引起自由熔差会产生一种驱动力，在此驱动力的作用下，应变晶粒边界的隆凸和晶粒内亚晶粒的旋转两种机制形成重结晶晶粒的核，并在此基础上生长成为新晶粒，从而取代老的应变晶粒，这种现象称为动态重结晶作用。重结晶程度的强弱（新晶粒与残留应变晶粒之比的大小）与应变大小关系密切，重结晶的新晶的粒度主要取决于变形时的差异应力。因此，可以用动态重结晶的新晶的粒度分析作为地质应力计。

动态重结晶形式通常有三种：膨凸动态重结晶（BLG）、亚颗粒旋转（SR）动态重结晶和高温边界迁移（GBM）动态重结晶（图3-16）。由不同重结晶机制形成的新晶形态、粒径各有不同。

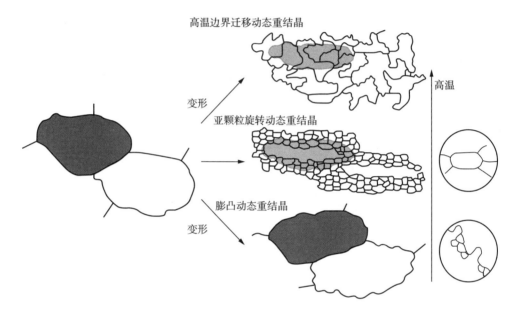

图3-16 动态重结晶的主要类型（Passchier and Trouw，2005）

注：阴影表示在动态重结晶之前或残斑，无阴影的为动态重结晶中新生成的新晶。

① 膨凸动态重结晶

膨凸动态重结晶发生在低温、高应变速率和高应力条件下。由于低温条件下的晶体内部位错和颗粒边界活动性低，在两个具有不同位错密度的晶体边界附近，较低位错密度的颗粒向着较高位错密度的颗粒一侧凸出，并形成新的独立小颗粒的过程，称为膨凸动态重结晶作用（或低温颗粒边界迁移）。膨凸动态重结晶作用形成的新晶粒大小近似，形似水滴 [图3-16、图3-17（a）]；如果有剪应力作用则新晶就会向剪应力移动方向偏移，使水滴状的新晶变歪 [图3-17（b）]。膨凸动态重结晶作用主要发育于具有明显位错密度差异的不同颗粒边界和三连点附近部位，颗粒边界的不平整为膨凸动态重结晶作用的发生提供了条件。常见矿物膨凸动态重结晶包括石英（图3-18、图3-19）、长石（图3-20）、角闪石（图3-21、图3-22）、黑云母（图3-23）、方解石（图3-24、图3-25）。

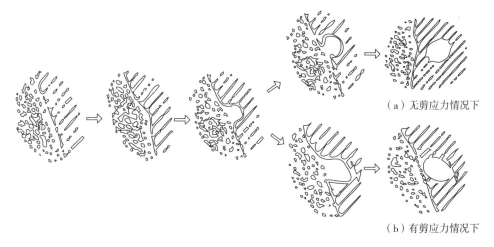

（a）无剪应力情况下

（b）有剪应力情况下

图 3-17　由膨凸动态重结晶形成新颗粒

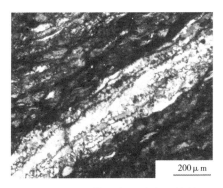

图 3-18　石英的膨凸动态重结晶

图 3-19　石英的膨凸动态重结晶及核幔构造

图 3-20　长石的膨凸动态重结晶

图 3-21　角闪石的膨凸
动态重结晶（单偏光）

图 3-22　角闪石的膨凸动态　　　　图 3-23　黑云母的膨凸动态重结晶
　　　　　重结晶图（正交光）

图 3-24　方解石的膨凸动态重结晶　　　图 3-25　方解石的核幔构造

　　目前对于膨凸动态重结晶作用形成机制的研究还不够深入，其原因在于：一方面，颗粒边界将在膨凸部位从位错密度低的颗粒逐渐向位错密度高的颗粒迁移，使得颗粒边界弯曲曲率加大，并最终合拢形成一个细小的新晶；另一方面，颗粒边界的膨凸，使得颗粒边界附近局部应力增加，位错密度加大，新生位错沿着某些特殊的方向组织并使得膨凸部位孤立出来，形成细小的新晶。

　　② 亚颗粒旋转动态重结晶

　　发育在中温、中应变速率和中应力条件下。随着较高温度条件下动态恢复作用的不断发展，晶内位错逐渐有效地组织形成位错壁和位错阵列，并形成亚颗粒。在此过程中，零散分布的自由位错和不规则组织的位错逐渐消失，位错密度减小。与此同时，随着亚颗粒的旋转和错向的逐渐加强，相邻亚颗粒之间的位向差增大，当位向差 $\theta > 12°$ 时即可构成大角度边界，最终形成与变形主晶光性方位有显著差异的新晶体颗粒（Passchier et al.，2005）。亚颗粒旋转动态重结晶作用产生的动态重结晶颗粒一般大小和形态相似，并通常呈轻微压扁拉长状，呈现出定向性（图 3-26）。这种拉长状新晶粒的定向与集合体总体形状的定向呈一定角度相交，可以用来判断剪切运动指向。该作用的结果是相对粗粒的高应变颗粒转化成细小的无应变动态重结晶新晶粒。新晶粒度比变形主晶常常低一个数量级以上，在非稳态流动条件下常常有一定的变化。动态重结晶颗粒普遍含有少量自由位错，偶尔也组织构成位错壁，是递进变形作用的结果。常见矿物亚颗粒旋转动态重结晶包括石英（图 3-26、图 3-27）、长石（图 3-28、图 3-29）、方解石（图 3-30、图 3-31）、透辉石（图 3-32）。

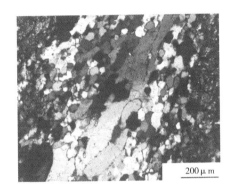

图 3-26　石英的亚颗粒旋转动态
重结晶及核幔构造

图 3-27　石英的亚颗粒旋转动态重结晶

图 3-28　长石的亚颗粒旋转动态重结晶

图 3-29　长石的亚颗粒旋转
动态重结晶及核幔构造

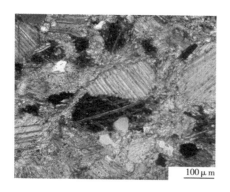

图 3-30 方解石的亚颗粒旋转
动态重结晶

图 3-31 方解石的亚颗粒旋转
动态重结晶及机械双晶

图 3-32 透辉石的亚颗粒旋转动态重结晶

③ 高温边界迁移动态重结晶

高温边界迁移动态重结晶形成于高温、低应变速率和低应力条件下。在亚晶粒旋转动态重结晶作用过程的晚期或后期阶段，新生无应变动态重结晶颗粒广泛出现，它们与相邻高应变主晶直接接触，造成了颗粒间的位错密度差，这样的颗粒边界是一个不稳定的边界，低位错密度的晶体颗粒将首先吞噬高位错密度颗粒边界上的位错，并使得颗粒边界向高位错密度颗粒方向迁移（Passchier et al.，2005）。该作用的结果是高应变主晶颗粒粒度越来越小，而低应变新生动态重结晶颗粒粒度逐渐增大。由颗粒边界迁移动态重结晶作用形成的新晶粒大小、形状极不规则，边界常呈树叶状、蚕食状、缝合线状，颗粒大小不等（图 3-16）。方解石的高温边界迁移动态重结晶如图 3-33 所示。

图 3 - 33 方解石的高温边界迁移动态重结晶

以上是单矿物的动态重结晶型式。当矿物集合体中出现第二相矿物时，常受第一相矿物的牵制作用，形成牵制构造。如云母石英片岩中的云母常常对石英形成牵制构造 [图 3 - 34 (a)]、拖曳构造 [图 3 - 34 (b)]、窗户构造 [图 3 - 34 (c)] 或残余构造 [图 3 - 34 (d)]。

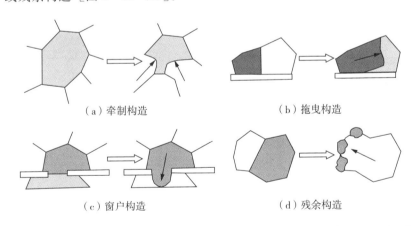

图 3 - 34 第二相存在时，颗粒边界迁移四类构造 (Passchier and Trouw，2005)
注：箭头为物质迁移方向。

由此可见，由膨凸动态重结晶、亚颗粒旋转动态重结晶到高温边界迁移动态重结晶，新晶粒度是逐渐增大的，也致使残斑逐渐被消耗而变小，甚至消失。

由于动态重结晶过程改造了原来的显微构造，有时甚至消除了原有构造而形成了新的显微构造。在这个过程中不仅消耗了残斑高密度位错，同时发育和生长了新的、无位错或位错密度极低的新晶或多晶集合体，因此新晶没有波状消光、消光带及亚晶粒化等变形现象。动态重结晶过程会使新晶与残斑之间有一些成分差异。因为在变形过程中，位错的攀移会伴随成分的移动，从而导致成分的带入与带出。

在矿物变形过程中，如果应力不能持续或减弱，已经变形的晶体会回复到未变形状态，这种现象称为恢复作用（也称回复作用）。通过恢复作用可以降低由变形作用而存储在晶体中的应变能，恢复的结果是在矿物晶粒中产生亚颗粒，而不会消除已经形成的新晶粒。

除了上述的动态重结晶外，对于易形成双晶的矿物晶体，经常产生双晶成核重结晶作用。

在双晶成核重结晶作用过程中，双晶边界的发育和演化起着重要的作用。剪应力的作用在变形晶体内产生了两种效应，即变形双晶和位错。曹淑云等（2007）对变形角闪石的研究发现，在脆—韧性条件下，角闪石颗粒的动态重结晶作用是由双晶成核作用完成的。如图3-35所示，新生的位错在温度影响下会发生有限的攀移，其中一部分向着（100）双晶面攀移，并促进双晶作用的进一步发展；另一部分则向着（001）方向攀移，并构成位错壁。在位错攀移过程中，双晶面的存在制约了位错壁的发展空间，使之难以形成稳态的多边形亚晶粒。新生动态重结晶颗粒的形成是由于受剪切应力制约而沿着双晶面（100）发生旋转，并使边缘部分脱离主晶。在此过程中，与（100）双晶面直交的（001）位错壁起着重要的辅助作用。它们的存在以及沿着该方向位错壁的发展，及进一步旋转才使得其围限部分独立出来，并形成针柱状的新生颗粒。它们多数以其长轴平行排列，且平行于剪切力方向。由于位错攀移作用有限，且其新晶颗粒比亚晶粒旋转动态重结晶粒径小，因此，此种重结晶作用也可以看作是膨凸动态重结晶作用的特例。对方

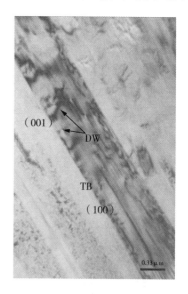

图3-35　微米级变形双晶形态平直（曹淑云等，2007）

解石、斜长石和角闪石等双晶发育的矿物晶体而言，矿物晶体颗粒的动态重结晶过程中双晶的存在具有重要的意义，尤其在岩石脆—韧性转变变形环境条件下，位错活动范围有限时发生的可能性更大。

④ 静态重结晶新晶粒（static recovery-recrystallization grain）

动态重结晶形成的新晶粒表面不规则，因此，具有很高的自由能，且不稳

定，当岩石的宏观变形中止后，岩石如果仍然处于高温或流体含量很高时，动态重结晶新晶粒的弯曲边界就会逐渐平直，颗粒粒径也会逐渐增大，使矿物的表面自由能减到最小，以达到稳定，这就是静态重结晶作用（图 3-36）。其实，在变形过程后期，这种表面自由能减少的过程就存在，但影响较弱。

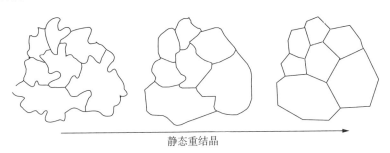

静态重结晶

图 3-36　静态重结晶作用过程（Passchier and Trouw，2005）

静态颗粒边界调整过程中，颗粒在生长过程中边界缩短，颗粒边界能量降低变形和动态重结晶作用的不规则边界拉直为多边形，小颗粒消失重结晶的作用结果是使矿物颗粒呈现规则多边形，在三个矿物边界交汇处形成三个角近于相等的三联点（约120°）。静态恢复重结晶新晶形态与矿物本身的各向异性有关，各向异性较弱的粒状矿物静态恢复后常常出现三联点；而角闪石、辉石这样的中等各向异性矿物，因平行（110）面的边界自由能相对较低，其静态重结晶新晶较易出现平行此面的边界；对云母这样强各向异性的矿物，则平行（001）面的边界在静态占主导。

岩石中不同矿物集合体在静态恢复过程中也常常相互影响。如云母石英片岩在静态恢复过程中，弱各向异性的石英常常受强各向异性的云母（001）面的边界控制；石英新晶大小也因云母的存在而比纯石英岩中的粒径小，成分不纯的大理岩中也经常出现类似的情况。岩石中同种矿物集合体条带的宽窄也影响静态恢复重结晶新晶粒的大小，窄条带中的新晶粒度容易受条带宽度的限制，粒径偏小。另外，在静态恢复过程中，如有流体存在，较小颗粒容易溶解而趋向于减少。动态重结晶与静态重结晶的特征比较见表 3-2 所列。

表 3-2　动态重结晶与静态重结晶的特征比较

特征	动态重结晶	静态重结晶
颗粒形状	压扁或拉长的不规则形状	等轴状
颗粒边界	不规则的港湾状、曲线状	平直镶嵌成120°夹角汇聚的三联点
内部位错	明显	很少
颗粒大小	与温度无明显的依赖关系	颗粒大小与温度呈正相关关系
颗粒结构	多边化结构	粒状镶嵌结构

除了要区分静态重结晶和动态重结晶以外，还要注意静态恢复重结晶与热变质重结晶作用的不同。二者的区别在于静态恢复重结晶是在动态重结晶基础上恢复的，并不一定恢复得十分完全，有时还可以见到并未完全静态恢复的动态重结晶颗粒，还常常保留其他的变形现象；而热变质重结晶作用则无动态重结晶颗粒及变形现象，热变质重结晶作用完全由热的作用而引起的变质作用，只是使矿物晶体长大，并没有变形现象。

（4）核幔构造

核幔构造是应变矿物颗粒及环绕其外缘的、由细粒化而形成的细小亚晶粒和（或）重结晶晶粒组合而形成的显微构造现象。核幔构造的核部晶体是残晶，常常发育有波状消光、变形带及变形纹等变形现象，变形强时甚至可以全部亚晶粒化，但在单偏光镜下，仍为一个较大的颗粒。幔部就是环绕核部的细小的亚晶粒及重结晶新晶粒组成的集合体（图 3 - 26、图 3 - 29）。

不同形式的动态重结晶可形成不同的核幔构造。由膨凸动态重结晶作用形成的核幔构造，其核部边界不规则，与幔部边界清晰。核部老颗粒与幔部新晶粒之间的差别明显，核部变形相对较弱，可以出现微破裂、变形纹、扭折或斑块状不均匀消光等现象；而由亚颗粒旋转动态重结晶形成的核幔边界比较模糊，核部因变形常常呈压扁拉长状或带状，可见连续变化的波状消光及亚晶粒化。核幔构造是动态恢复与动态重结晶共同作用的结果，恢复作用使得颗粒边部（同时也常常是高应力部位）首先形成亚晶粒，随着应变的发展，亚颗粒旋转及高温边界迁移形成重结晶新晶粒，亚晶粒化也逐渐向核部扩展。如果应变继续，核部逐渐缩小直至消失，而全部变成重结晶新晶粒集合体。核幔构造的形成和发展过程说明了糜棱岩的细粒化过程主要是由动态恢复及重结晶作用来完成的。

（5）碎（残）斑系

碎（残）斑系是由矿物残斑和结晶拖尾共同形成的碎（残）斑系统。韧性变形岩石中，能干性较强的矿物残斑两侧可由动态重结晶细小晶粒组成结晶拖尾。这是由岩石中各种矿物的熔融和结晶温度不同造成的。在相同变形环境下，岩石中不同矿物的变形行为不一致。比如在长英质岩石中，常常是长石变形呈脆性刚体构成残斑，石英则发生塑性变形构成基质。刚性的残斑与塑性的拖尾，构成残斑系。残斑内部常常发育脆性裂隙或碎成几个颗粒，有时也表现出向塑性转变的一些变形现象，如波状消光、消光带或解理弯曲，甚至出现出溶页理的弯曲等现象。在不同的变形温压条件下，构成残斑的矿物也不同。如在绿片岩相或高绿片岩相的变质条件下，长石常为残斑；而在低绿片岩相下，石英有时也构成残斑；代表地幔岩变形的橄榄岩中辉石常构成残斑。残斑尾部的成分可以由与残斑成分相同的细小重结晶新晶粒组成，也可以由不同成分的细小晶粒组成。不同成分的尾部可能是残斑应变软化产生的物质（如长石蚀变的白云母和石英等）或是残斑重结晶形成的不同成分的新晶集合体（如斜长石新晶集合体内常常有乳滴状石英）；而钾长石新晶集合体内则为斜长石、钾长石和石英的交生体；辉石重结晶形成单斜辉石及斜方辉石集合体等。

　　根据残斑尾部形态的对称性，碎斑系可分为对称和不对称两类。Passchier和 Trouw（2005）根据碎斑系的几何形态将其分为几种不同的几何类型（图 3 - 37），即 θ 型、σ 型、Φ 型、δ 型和复合型。根据残斑尾部形态的不同可以判断剪切带的剪切运动指向。

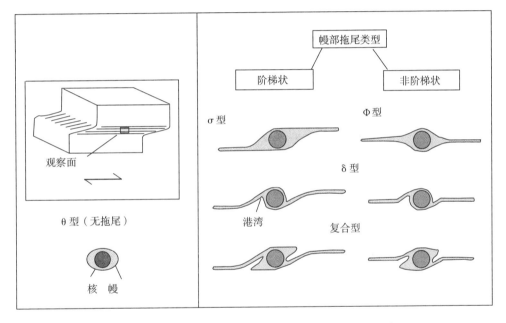

图 3 - 37　旋转残斑的类型（Passchier、Trouw，2005）

　　θ 型残斑系：矿物残斑没有尾部，仅有很薄的一层幔部。

　　σ 型残斑系：残斑两侧的结晶拖尾呈楔形，分别位于通过碎斑中心平行面理面的参考面两侧互相平行或近于平行，其形成于简单剪切环境下，结晶尾指向代表本盘运动方向。

　　Φ 型残斑系：具有对称型尾部。残斑两侧的结晶拖尾位于平行面理面的参考面上。Passchier 和 Trouw（2005）认为此类残斑系在高应变、高重结晶速率条件下，由 σ 型残斑系进一步发展而来，而且形成于简单剪切环境下，所以不能作为共轴应变的指示标志。

　　δ 型残斑系：残斑两侧的结晶拖尾分别从参考面的一侧转向另一侧，结晶尾根部弯曲。该类残斑一般由 σ 型残斑系进一步旋转变形而来。残斑旋转的方向与剪切指向一致。

复合型残斑系：具有 σ 型和 δ 型双重拖尾，在剪切变形过程中由 δ 型残斑的拖尾再进一步限制变形而来。

许多学者研究发现：刚性残斑在剪切变形过程中常常受到应变方式、矿物成分、残斑形态及孤立状况、残斑在变形过程中的同构造重结晶速度、变形基质的含量及宽窄等因素的影响，并对其初始旋向、变形旋转过程中的稳定性、应变量与旋转位的关系等问题进行了进一步的探讨。

（6）条带状构造

变形岩石中同种矿物集合体或单晶常呈条带状。条带可以是平直定向，也可以是绕斑晶弯曲。最常见的是石英条带，也有人称为石英丝带。它可由单晶组成，也可由多晶组成。单晶条带为在低绿片岩相条件下，石英通过晶内滑移而产生的一种组构。在麻粒岩相的糜棱岩中也可见到石英的单晶条带，但这主要是在变形过程中经重结晶而形成。单晶条带中单晶晶粒的形态可以分成三种：

① 具有不规则边界的拉长状。其为动态重结晶新晶粒，一般认为形成于中高绿片岩相条件下。集合体条带的定向强烈程度反映了应变量的大小，其形成应是动态重结晶与粒间滑移及颗粒边界扩散迁移等多种机制共同作用的结果。

② 具有规则边界的多边形近等轴状。其为同构造静态恢复重结晶产物。

③ 矩形颗粒。其是在高温变形条件下，在颗粒边界迁移重结晶和各向异性晶体生长的过程中产生。

3.1.3　颗粒边界滑移现象

由颗粒边界滑移形成的显微构造现象主要有：S-C 组构、矿物鱼、显微分层现象等。

1.S-C 组构（S-C fabric）

S-C 组构是糜棱岩中发育的一种反映不均匀、非共轴流变的特征构造。岩石中发育有两组面理：一组为透入性 S 面理，指矿物长轴的定向排列；另一组称为 C 面理，是具有一定间隔的强应变带或位移不连续面，一般平行剪切面，也叫剪切面理。二者构成 S-C 组构。S 面理和 C 面理均发育的变形岩石称为 S-C 糜棱岩。

S-C 组构常常在绿片岩相的花岗质糜棱岩中发育。其中，长石残斑系的长轴代表 S 面理，锐角相交的富云母条带即是糜棱岩 C 面理（图 3-38）。S-C 面理在剪切带变形过程中的形成过程如图 3-39 所示。一般 S 面理先形成，而 C 面理形成较晚，但如果岩石中含有较多的层状硅酸盐矿物，则有可能首先通过（001）面的滑动，先形成 C 面理。

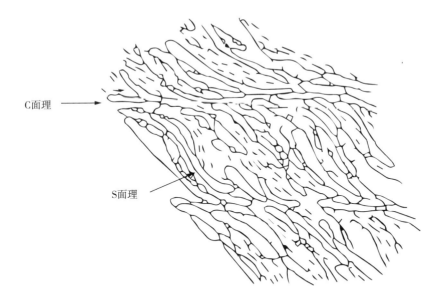

图 3 - 38 糜棱岩中的 S 面理和 C 面理（朱志澄，1999）

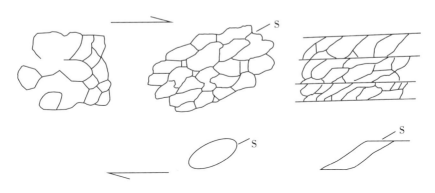

图 3 - 39 S - C 面理在剪切带变形过程中的形成过程（朱志澄，1999）

　　在简单剪切中，一般 S 面理在最初形成时与 C 面理或剪切带边界的夹角呈 45°，随着变形增强，S 面理与 C 面理的夹角逐渐减小，直至趋于平行。剪切带中 S - C 面理可以指示剪切运动方向。

　　2. 矿物鱼（mineral fish）

　　在剪切带高应变糜棱岩中，遭受剪切变形的矿物颗粒经石香肠化或显微破裂作用常常被改造成"鱼"状形态的显微构造。最常见的矿物鱼是云母鱼（mica fish），尤其是白云母鱼。变形岩石中大片云母，经石香肠化或破碎成几个小颗粒，在变形过程中形成 σ 型拖尾，形似鱼状，尾部常常有细小的重结晶新晶粒出现。云母鱼的形成如图 3 - 40 所法。云母鱼的尾部和头部一般平行剪切方向，即平行 C 面理。根据云母的不对称性可以判断剪切运动方向。可形成矿物鱼的矿物还有斜长石、角闪石、辉石等。

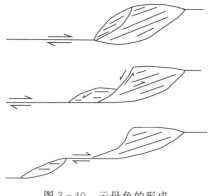

图 3 - 40　云母鱼的形成过程（Lister，1989）

3. 显微分层现象（microlayering）

变形岩石中，不同矿物表现出的变形特征各不相同，那些熔融温度（T_m）高的矿物常常表现为刚性，多以残斑形式出现，而 T_m 低的矿物则表现为塑性，因而在变形过程中先形成基质，把刚性矿物包裹在其中。

随着变形的继续，基质越来越多，带状构造越来越清晰，定向也越来越强，岩石的显微分层现象就越来越明显，那些软的基质部分通过粒间滑移构成条带，而相对刚性的矿物及集合体也趋向于排列成层，这样对变形就更加有利，这是应变软化的重要机制之一。不同变质条件下的糜棱岩化均可以形成显微分层现象。显微分层的结果常常是不同矿物构成不同的成分条带，或浅色及暗色矿物各自相对集中成层（图 3 - 41）。

图 3 - 41　糜棱岩中云母和石英的显微分层现象

3.1.4 扩散物质迁移

扩散物质迁移机制包括压溶作用和固态物质扩散迁移作用，其形成的常见现象主要有以下八种：

1. 压力影（pressure shadow）

压力影是压溶作用的重要产物。岩石受到压扁作用时，因其中含有"刚性"矿物、结核、碎屑或化石碎块等且与岩石基质能干性存在明显差异，致使在顺其伸展方向两侧形成低应力区，由同构造分泌的细小结晶体充填，并形成"阴影"。压力影一般出现在应力比较小（应变较弱）、温度较低的低级变质岩中，如变质火山碎屑岩、变质砂岩、板岩、千枚岩、灰岩等。

压力影从构造上分为两部分，内部是较刚性的矿物，称为残斑、核晶或母晶，两侧组成的部分称为"阴影"（图 3 - 42）。常见的核晶有石英、长石、黑云母、十字石、黄铁矿、石榴石等矿物，鲕粒、化石、砾石、岩屑、变斑晶等也很常见。核晶部分在应力作用下可以产生旋转、破裂、波状消光、变形纹、机械双晶等显微构造现象。另外，核晶一般为构造变形前产物。组成阴影的矿物有纤维状石英（也有柱状、粒状）、纤维状方解石、片状白云母、绿泥石，以及一些残余基质矿物，也可见于核晶同成分的阴影。阴影部分是同构造期形成的。

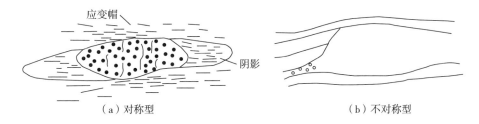

图 3 - 42　压力影的基本类型（钟增球和郭宝罗，1991）

压力影的分类方式有很多。如：

① 按照压力影整体形态的对称性又可分为对称型及不对称型（图 3 - 43）。

② 按照核晶成分可分为黄铁矿压力影、长石压力影、化石压力影等。

③ 按照阴影部分矿物形态特征可分为：粒状压力影和纤维状压力影。纤维状压力影又可分为直纤维压力影（核晶无旋转，阴影是平直纤维状）和弯曲纤维压力影（核晶旋转或阴影旋转，阴影纤维弯曲）。

④ 按照阴影是否变形又可分为：刚性和可变形两类。

⑤ 按照压力影生长方向，即阴影部分生长渐进方向又可分为两类：反向生长型压力影（位移控制型）、同向生长型压力影（晶面控制型和综合生长型）。

2. 应变帽（strain cap）

在压力影核晶平行压应力方向的两侧，常因易溶解成分被溶解、迁移而使得难溶物质相对集中，形成增强的面理组构［图 3 - 42 (a)］。

3. 压溶缝合线（stylolite）

压溶缝合线主要是在压应力作用下形成的，是由压溶过程中残余的难溶物质（如泥质、炭质等）局部集中而形成的不连续面。缝合线多见于碳酸盐岩中，也可出现在石英砂岩、硅质岩及其他类型岩石中。在岩石剪切面上呈锯齿状、缝合状，主要是应力导致压溶速度不均匀造成的。

压溶缝合线像地震曲线一样，有峰和谷之分，峰与谷一般正对着压应力方向，而不论压溶缝合线整体是否与压应力垂直（当压应力与层理斜交时它可以是斜向的）。按压溶缝合线的形态可分为"V"形和"H"形，它们各自反映的主应力方向不同（图3-43）。压溶缝合线还可以出现多期复合叠加现象，每一期的主压应力方向都可不同。

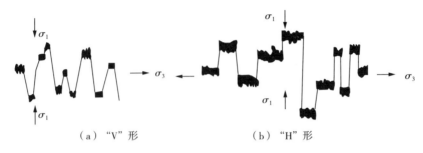

（a）"V"形　　　　　　　　　（b）"H"形

图3-43　压溶缝合线的形态及其主应力方向（钟增球、郭宝罗，1991）

4. 压溶面理（pressure solution foliation）、压溶劈理（pressure solution cleavage）

压溶面理是压溶构造的一种类型。岩石由溶解度不同的几种矿物组成，它们在挤压作用下，由于不同矿物溶解差异而形成的一种面理构造。通常相对易溶矿物有石英、方解石等，它们在挤压过程中逐渐被溶解扩散；而相对难溶的矿物如层状硅酸盐矿物及炭质、铁质、黏土等难溶残余，则趋于集中呈带状分布，逐渐形成压溶面理或压溶劈理。压溶劈理，也称溶解劈理，是由压溶作用引起变质分凝作用所产生的劈理。最普遍的形式是浅色和暗色条带交替组成，暗色条带由方解石或炭质溶解析出所致。

5. 压溶缺失（pressure solution removal）

鲕粒、化石或单矿物（如方解石、石英等）在压溶过程中部分被压溶，从而造成缺失的现象。

6. 显微脉（micro veins）

由于压溶作用发生的扩散作用，会在矿物及岩石的布丁构造或张裂隙中形成充填，矿物多垂直脉壁生长，其形成方式可分为：对生、背生、复合和紊生四种（图3-44）。图中所示的为理想对称状态，实际显微脉的生长状态要复杂得多。利用这种显微脉的特征可以判断裂隙的性质、裂隙的递进变形、主应变方向的变化和估算拉伸应变量等。

不同矿物的压溶特征是不同的。压溶由易到难的顺序为：赤铁矿、方解石、石英、长石、黏土矿物、绢云母、白云母、胶磷矿、电气石、榍石、黄铁矿、锆英石、炭质。由这个顺序可以看出，方解石很容易被压溶。所以，压溶缝合线多出现在灰岩和大理岩中，而显微脉和压力影中的纤维矿物又多为方解石和石英。

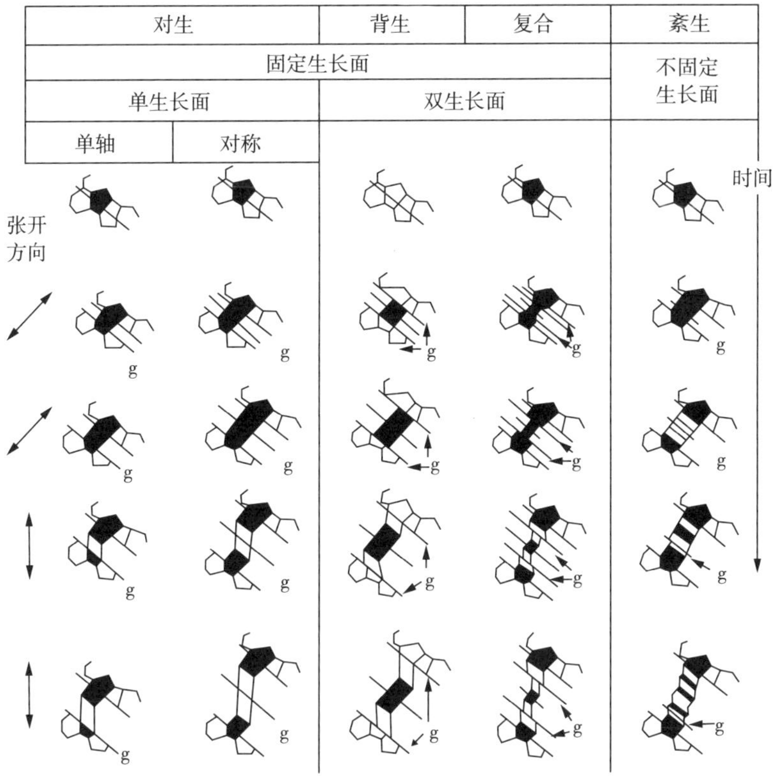

对生			背生	复合	綦生
固定生长面					不固定生长面
单生长面		双生长面			
单轴	对称				

图 3 - 44　显微脉的类型 (Passchier and Trouw，2005)

注：对生：最老显微脉沿裂隙边缘生长，中线表示生长面的最终位置单轴生长情况下不发育中线；

背生：显微脉由中间向两侧生长，最老部分沿中线生长，两个生长面固定在围岩接触面上；

复合生长（对生和背生复合）：两个生长面出现在脉体的最新接触部分；

綦生：纤维脉充填物连续生长但没有固定生长面，纤维脉中新老显微填充物混生；

g 指向的黑线表示不发育中线最新生长面。

7. 出溶构造（exsolution structure）

矿物中的固溶体是非常常见的现象。在一定的条件下，溶质会从溶体中分离出来，发生出溶作用，形成出溶构造。导致出溶的因素有温度、压力、应力及化学成分的变化等。与应力有关的出溶构造主要有以下几种：

（1）应力条纹（stress-induced lamellae）

在应力作用下，钾长石或钠长石中的钠质出溶或析出形成条纹长石（图 3 - 45），这种析出的应力条纹多沿剪切面或张裂面分布，呈雁行状、火焰状、棋盘格子状或不规则形状，在矿物晶体内分布很不均匀。条纹的排列在特定的场合下还可以指示剪切方向。

50μm

图 3-45　钾长石中钠质出溶形成的条纹长石

（2）出溶页理（exsolution lamellae）

两种成分的物质呈平行连生现象，类似聚片双晶。这种出溶页理在辉石中较常见，在斜长石中有时也能见到。

（3）应力蠕英结构（myrmekite）

一定的压应力可使斜长石或碱性长石的摩尔体积缩小，导致 SiO_2 从晶格内出溶或析出，在长石中形成水滴状或蠕虫状石英晶体，称为蠕英结构。这种结构与应力有关，而与变质岩和岩浆岩中的交代蠕英结构不同，所以称为应力蠕英结构。Vernon（2000）提出富钙斜长石交代钾长石变形残斑形成蠕英结构，反映了岩石变形温度接近于长石的结晶温度，属于典型的高温变形组构。

据 Simpson（1985）研究，这种结构常常发育在 σ 型碱性长石残斑的偏压型的侧面，也即压扁面上。拉伸方向上碱性长石以重结晶为主，如图 3-46 所示，或者是碱性长石与斜长石颗粒接触边缘，以及两种长石和石英的交接点处。蠕英结构只发生在高绿片岩相甚至更高的条件下，Simpson 提出这种结构的化学反应式是水和钙长石交代碱性长石的结果。化学反应式如下：

$$3KAlSi_3O_8 \cdot NaAlSi_3O_8 + CaAl_2Si_2O_8 \cdot NaAlSi_3O_8 + H_2O \longrightarrow$$

　　　（碱性长石）　　　　　　　（钙长石）　　　　　（水）

$$CaAl_2Si_2O_8 \cdot 2NaAlSi_3O_8 + 6SiO_2 + K_2O + KAl_2(Al, SiO_3)O_{10}(OH)$$

　　　（偏钠斜长石）　　　　　（石英）　　　　　　（白云母）

其中，由偏钠斜长石和石英构成蠕英结构。可见在应力蠕英结构的形成过程中有流体的作用，并伴有成分带入与带出。

Stel 和 Breedveld（1990）通过对长石中这种蠕英结构的光轴组构测量，得出蠕英的光轴定向与主晶长石无关，而与岩石中石英残晶的定向具有一致性。

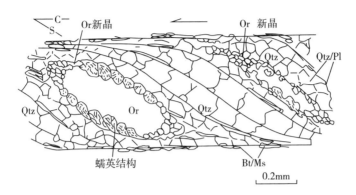

图 3 - 46　糜棱岩 S - C 面理中正长石残斑在压扁面上发育蠕英结构，
在拉伸方向上出现动态重结晶颗粒（Simpson，1985）

上述三种出溶构造是在应力作用下形成的，由于应力的作用，固溶体长石形成位错并产生运动，从而改变了滑动面或位错附近原子的邻近关系，导致固溶体溶解度产生变化，进而发生出溶现象。

8. 变斑晶包迹构造（porphyroblast trail）

变斑晶是指同构造生长的斑晶通过扩散物质迁移而形成的一种矿物生长现象。它的生长受成分、温度、内部应变和表面能等热动力学因素的影响。变斑晶的粒度和在岩石中的分布反映了成核作用和生长作用所需能量的平衡。成核作用与生长作用所需能量的比值较高时，体系将有利于形成数量少、颗粒大的变斑晶。通常变斑晶内包含各种类型的包裹物迹线（以下简称"包迹"），有些变斑晶包迹可以反映出其所处环境的变形过程。因此，利用变斑晶包迹可以判断矿物结晶生长与变形之间的关系。

Passchier 和 Trouw（2005）将变斑晶分为构造前，构造间，同构造（无旋转变斑晶、旋转雪球变斑晶）和构造后期生长四类（图 3 - 47）。根据变形分解作用的概念（Bell，1986），同构造变斑晶可以出现在递进缩短作用带或递进剪切变形带。其中，无旋转变斑晶主要发育在递进缩短作用带（图 3 - 48，图 3 - 49）；而雪球构造（图 3 - 50）的形成发生在递进剪切带，或发生在无缩短递进变形作用的均质变形条件下（即单剪变形条件下）。Fay 等（2008）应用数值模拟再现了变斑晶包迹的形成与基质变形之间的成因关系，合理地解释了长期以来介于变斑晶旋转与不旋转之间的争端。他们提出了陀螺现象（gyrostasis phenomenon），认为相对强硬变斑晶周围软弱基质内网状剪切带的出现与否决定了变斑晶是否发生旋转。网状剪切带存在时不会发生变斑晶旋转；而网状剪切带不存在时，变斑晶将发生旋转。陀螺现象之所以出现在软弱的基质中，是因为单剪变形垂直于初始共轴缩短变形作用的叠加仅仅会引起微量的主应力轴旋转。由于剪切带主要受主应力轴的方向控制，初始的网状剪切带在后期的非共轴变形作用过程中，保持其位置和方向不变。变斑晶与其周围的非共轴变形基质相互独立，但邻近变斑晶是基质部分，仍为共轴变形，不发生任何旋转变形。

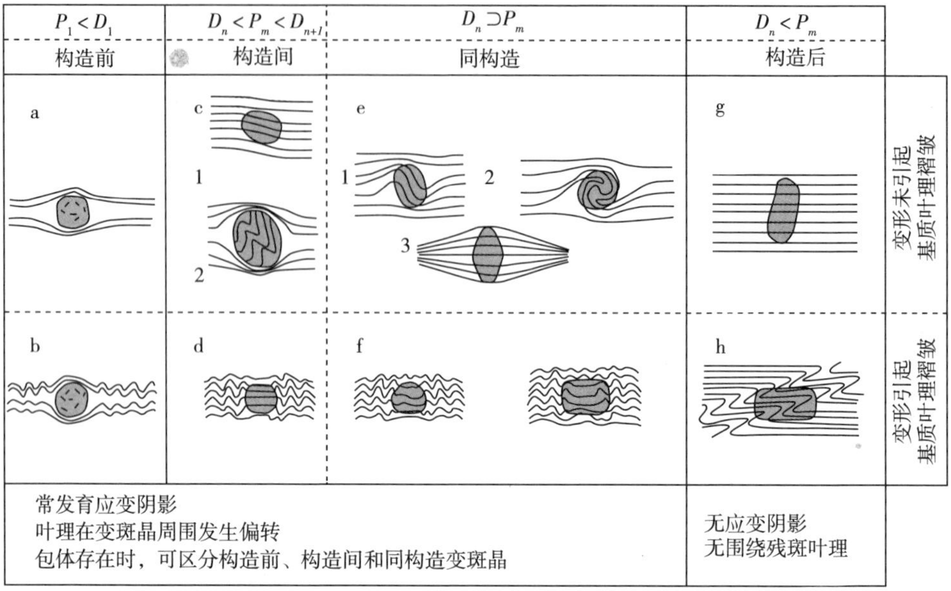

$P_1 < D_1$	$D_n < P_m < D_{n+1}$	$D_n \supset P_m$		$D_n < P_m$	
构造前	构造间	同构造		构造后	
a	c 1 2	e 1　2 3		g	变形未引起基质叶理褶皱
b	d	f		h	变形引起基质叶理褶皱
常发育应变阴影 叶理在变斑晶周围发生偏转 包体存在时，可区分构造前、构造间和同构造变斑晶				无应变阴影 无围绕残斑叶理	

a、b—构造前斑晶，晶内包裹体无定向；c、d—两期构造间变斑晶；e、f—同构造变斑晶；

e₁、e₂—同构造旋转雪球构造；e₃—无旋转同构造变斑晶；g、h—构造后变斑晶。

图 3-47　变斑晶（P_m）与构造期次（D_n）关系（Passchier and Trouw，2005）

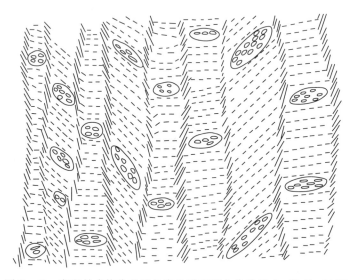

图 3-48　变斑晶成核位置及长宽比受面理方位的影响（Bell，1986）

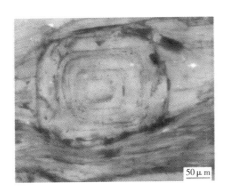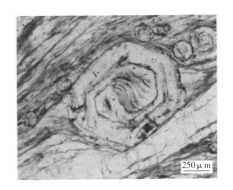

图 3-49　石榴石成分环带图　　　　图 3-50　石榴石的雪球构造

自 Zwart（1960）首次利用变斑晶包迹判断前构造、同构造和后构造期生长以来，许多学者对变斑晶的旋转、成核、生长、变形及溶解作用，变斑晶与造山作用过程的关系，变斑晶与应力方位、应变速率大小及生长动力学的关系，其变形与变质的相互作用等方面进行了研究探讨。总之，变斑晶包迹的详细研究，对造山带演化历史及基质、变形与变质作用过程及物质运移机制等起着重要作用。

矿物中化学成分环带的出现也是固态扩散物质迁移作用的结果。变质矿物尤其是石榴石、角闪石、辉石及长石类矿物，通常表现出从核部到边部的成分变化，成分分异明显的可以从矿物的颜色和光性变化看出，但大多数需要通过电子探针成分分析得出。

除了上述 8 种扩散物质迁移现象外，反应边（reactionrim/corona）、残余矿物（relic）和后成合晶（symplectite）等现象也是高温固态扩散物质迁移作用的结果。反应边是围绕颗粒矿物相的改变形成的边部。这种现象是由高温固态扩散物质迁移作用导致的，因为变质矿物的生长需要成分的活动性。残余矿物的大部分已经被反应边取代而呈矿物颗粒残余。后成合晶是在反应边中常见的薄层状或蠕虫状的交生现象。

3.2　显微变形构造在构造带研究中的应用

通过对构造岩中矿物的显微变形构造观察和研究，不仅能了解不同变形岩石和矿物的变形行为和变形机制，还可以获得很多的运动学和动力学数据，如应力和应变方位、运动方向、差异应力、应变方式、应率速率等，掌握岩石和矿物的变形温压条件、变形过程及变形历史，以此建立构造带的构造演化模式，进一步探讨地壳构造活动的发生机制及其演化历程。所以，许多学者应用显微变形构造来研究构造地质学问题，并取得了丰硕的成果。

3.2.1 应力分析

应力分析主要是研究矿物变形与应力状态之间的关系。目前，利用矿物显微构造进行应力分析的主要内容有：应力方位、运动方向及应力大小的估算等，以此来探讨包含该矿物的岩石在断裂带中的受力状态和运动学特点。

1. 推导主应力方位

推导主应力方位的方法很多，本节主要介绍与显微变形构造相关的、推导主应力方位的方法，如石英变形纹、方解石和白云石机械双晶等。

（1）利用石英变形纹推导主应力方位

用石英变形纹来推导主应力方位的常用方法有锐角法和 C_1-C_2 法。Turner 和 Weiss 在 1963 年就提出用锐角法来推导主应力方位。他们认为：石英的变形纹并不严格受结晶格架的控制，而是愈合的剪切破裂面，两组剪切性质变形纹的交角通常是锐角，因而最大主压应力轴多半与变形纹成小于 45° 的夹角，或者说是位于两个变形纹极点最密区所夹的钝角等分线上。然而，1969 年 Carter 和 Raleigh 却指出，石英变形纹与最大主压应力轴的夹角可以小于 45°，也可以大于 45°，并且通过石英砂岩和石英岩的变形实验得到了证实。因此，在研究轻微变形和中等变形岩石时，当其塑性变形量较小、构造活动时间较短、动态重结晶作用和石英光轴优选方位的干扰较小时，用上述锐角法来推断主应力轴方位是可行的；反之，锐角法就不恰当。

（2）利用云母中的扭折带推导主应力方位

1996 年 Borg 和 Handin 等通过实验研究证明了云母中的扭折带优选发生在其底面（001）与 σ_1 成低角度的颗粒中。因此，扭折带边界的极点方位就是 σ_1 的近似方位。

（3）利用双晶纹推导主应力方位

在构造岩中机械双晶是非常常见的显微构造，在解理相对发育的矿物中较为常见，利用机械双晶纹来推导主应力方位是目前常用的方法。目前主要方法有方解石法、白云石法、斜长石法及透辉石法，最为常用的方法是方解石法和白云石双晶法。

由于变形纹、扭折带、双晶纹都是变形较弱或较低应变的产物，且会随着应变的加大而逐渐消失。所以，上述三种方法只能用在低应变阶段或者在变形后期阶段，不能用于推断高应变地区的主应力方位。

此外，也可利用其他构造现象推断主应力方位，如利用面理，线理（a 型线理、b 型线理），微褶皱，S-C 组构等显微构造现象来推断主应力方位。

2. 判断运动方向

运动方向或运动方式的确定是构造地质学研究中的一项十分重要的内容，尤其是在非共轴应变变形条件下。利用变形显微构造分析来判断运动方向也是近二十年来显微构造发展得比较有成果的领域，目前已积累了十分丰富的资料（Simpson，1986；Passchier and Trouw，2005）。

判断剪切指向的准则主要是利用简单剪切变形中形成的显微构造的对称性与应变对称性之间的关系。Cobbold 和 Gapais（1987）指出，变形中无论体系的大小及力学性状如何，构造型式的对称程度均反映了整体应变机制。Choukroune 等（1988）也提出，不论变形机制如何，非共轴变形都导致非对称组构，且在所有尺度上都是如此。因此，可以利用其形成的各种不对称显微构造来判断剪切运动的指向。

不同学者常根据不同的标准进行分类，如 Cobbold 和 Gapais（1987）按运动方式将其分为涡度标志（如旋转残斑系、旋转压力影、旋转雪球构造等）和剪切标志（包括各种滑动面，如晶内滑移系、剪切条带等）两类。Chonkroune 等（1988）则将用于判断剪切运动指向的变形显微构造分为：①滑移系，如晶内滑移系、剪切条带等；②增量应变及旋转的记载物，如压力影等；③有限应变标志，即指示应变场与应变椭球体应变主轴之间关系的标志，如脉体、夹层、砾石等。

总之，利用变形显微构造判别剪切指向，在微观尺度上是十分有效的。但要注意，一定要通过各种运动学标志综合分析判断，才能得出可靠的结论。特别要指出的是，从微观尺度推广到宏观尺度时，必须要通过定向标本把薄片恢复到实际的野外产状再进行，否则常常会得出完全相反的结论。

3. 估算古应力值

20 世纪六七十年代，金属物理学家们发现，在金属的塑性流变过程中，当达到稳态流变阶段，变形金属晶体中所形成的显微构造特征（如位错密度、亚晶粒大小及重结晶颗粒大小）与稳态流变应力呈函数关系，而与温度、压力等因素关系不大。随后许多学者在橄榄石、石英、方解石等不同矿物的大量实验中，引入这种理论并确定了一系列变形构造参数与外施差异应力之间的定量关系及相应的关系式，使之成为一种新方法，也使得对显微构造的研究由定性阶段走向定量化发展阶段。

这种推算古应力值大小的方法也常称为古应力计，其估算前提是必须在稳态流变条件下，即应变速率为常数、变形过程中应力保持不变的状态。因为只有在这种状态下，变形中位错产生的速率和恢复作用中维持消失的速率才能达到动态平衡，岩石中矿物的亚晶粒化和动态重结晶作用发育。在这一条件下，位错密度

（ρ）与差应力（δ）的平方成正比，而与亚晶粒粒径大小（d）、动态重结晶颗粒粒径大小（D）成反比。具体估算法如下：

（1）位错密度法

在应力作用下，晶体内部会产生位错构造。Durham（1977）把在变形实验中的橄榄石、石英、方解石与其他 33 种金属、合金和电解盐的资料进行了对比，发现它们的位错密度与差应力之间呈同样的线性关系。位错密度与差应力之间的关系式为：

$$\sigma_1 - \sigma_3 = a\mu \boldsymbol{b}\rho^u \qquad (3-1)$$

式中：a 为材料系数；μ 为晶体的剪切模量；$\boldsymbol{b}$ 为位错的柏格斯矢量；u 的理论值是 0.5（Weathers et al.，1979），但测量值为 $0.45 \sim 3.33$（Twiss，1980）。一般地，μ 和 $\boldsymbol{b}$ 对位错密度仅是通过温度产生很小的影响，位错密度几乎只依赖于差应力。

（2）亚晶粒法

在稳态流变过程中，由于恢复作用出现位错的攀移、交滑移、重排等现象，形成了许多由位错壁所分隔的亚晶粒。冶金学、陶瓷学及变形矿物实验证明，亚晶粒的直径与差异应力呈一定的函数关系，即

$$\sigma_1 - \sigma_3 = k\mu \boldsymbol{b}d^{-1} \qquad (3-2)$$

式中：k 为无量纲常数；d 为亚晶粒大小，单位为 μm。统计亚晶粒的直径代入此公式后，即可得到差异应力值。

（3）动态重结晶新晶粒法

在金属及矿物的变形实验中，差异应力与重结晶颗粒大小的指数成反比，其表达式为：

$$\sigma_1 - \sigma_3 = AD^{-m} \qquad (3-3)$$

式中：D 为重结晶颗粒的大小，单位为 μm；A、m 均为常数，不同矿物的值不同。

递进变形过程中，对于一定的差异应力，每一种矿物动态重结晶颗粒平均粒度大小与流体含量、变形温度等有关。Passchier 和 Trouw（2005）在综合了其他学者成果的基础上，提出了石英及方解石、长石、橄榄石等矿物动态重结晶新晶平均粒度与差应力之间的关系（图 3-51、图 3-52）。需要注意的是这种方法所利用的是动态重结晶新晶的平均粒度。此法计算出来的岩石变形差异应力的范围一般可以从高温变形的几个兆帕到低温糜棱岩带中的 $100 \sim 200$ MPa 之间。

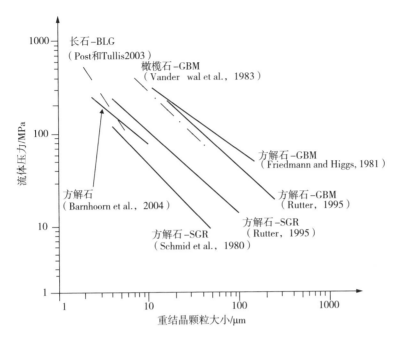

图 3-51 石英重结晶颗粒粒度与差异应力关系图（Passchier and Trouw，2005）

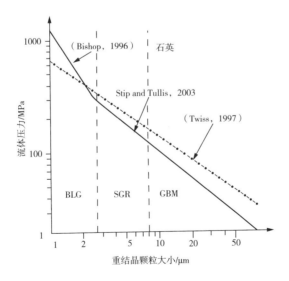

图 3-52 长石、橄榄石和方解石重结晶颗粒粒度与差异应力关系图

（Passchier and Trouw，2005）

利用动态重结晶粒度计算古应力时可能存在误差的原因有以下几种：①未剔除残余老颗粒；②第二相矿物阻止了被测矿物的生长，如石英岩中的云母，因此只有单矿物集合体才可用；③静态恢复作用影响了动态重结晶颗粒粒度等。

在上述三种方法中，万天丰（1988）认为位错密度法及亚晶粒法不仅可以用在塑性变形中，还可以用在脆性变形中。特别是位错密度法的适用范围更加广泛，在构造活动中等强度以上的条件下和在中深变质程度的岩石中均可使用。而动态重结晶新晶粒法只能用于强烈挤压的剪切带或糜棱岩中。这三种方法的观察统计最好在透射电子显微镜下进行，得到的数据会更加准确。

但也有学者认为利用上述三种方法来估算古应力值的大小存在着不确定因素。如万天丰（1988）等就曾指出古构造应力计所面临的一些问题。因此，应用上述古应力计开展研究时，需要注意以下几个问题：①根据短时间的实验岩石变形条件下所得出的估算古应力的公式，是否能应用于经长期变形的岩石中；②位错密度和亚晶粒粒度对变形后的恢复作用很敏感；③亚晶粒和新晶粒的大小到底是应变大小的反映还是应力大小的反映；④经验公式中未考虑温度因素，而亚晶粒和新晶粒粒度对变形时温度的敏感性如何等。

（4）机械双晶法

利用方解石和白云石的机械双晶来估算古应力值。这种方法最早由 Jamison 和 Spang（1976）在对比了实验条件及天然变形条件下机械双晶的特点后提出的。在应力作用下，方解石或白云石双晶面上的分解剪切应力（τ_r）的关系为：

$$\tau_r = (\sigma_1 - \sigma_3)\cos x_1 \cos y_1 \tag{3-4}$$

式中：x_1、y_1 为最大主应力与双晶面极点及滑动方向的夹角，$\cos x_1 \cos y_1$ 为分解剪应力系数，可记为 s_1。

当 τ_r 等于临界分解剪切应力值 τ_c 时，双晶开始滑动。产生双晶的临界差应力值为：

$$\sigma_1 - \sigma_3 = \tau_c / s_1 \tag{3-5}$$

式中：τ_c 为常数，可由实验来确定。这种方法在极低温、低应变、颗粒粒度相对均一且粗大、无先存优选方位的大理岩和白云岩中容易得到较好的结果，而不适用于强烈变形的岩石。观察和统计最好在光学显微镜下。在透射电子显微镜下极易发生相变。

单斜辉石的变形双晶也可以用作古应力计。辉石形成变形双晶的剪应力大小为 $140 \sim 150$ MPa（Kolle and Blacic，1982）。单斜辉石的变形双晶一般形成于低温及高应变速率条件下。

（5）变形纹法

变形纹也可以用作古应力计。研究表明石英颗粒的次底面变形纹形成在 170～420 MPa 差应力条件下。

（6）显微布丁构造法

围绕着长轴状刚性矿物的基质在塑性流动中会产生一个内部应力场，并可导致张节理和布丁构造的形成。在塑性共轴流动中，平行于伸展方向的长轴状刚性矿物，位于拉伸应力梯度最大值的中心位置，当拉伸应力达到该矿物的抗张强度极限时就会被拉裂，这一过程不断重复就形成了显微布丁构造。较早裂开的显微布丁构造之间的距离会比晚裂开的布丁之间的距离宽。因此，显微布丁构造可用来测定差异应力的大小。

3.2.2　应变分析

岩石和矿物的变形机制因其所处的应变条件的不同而不同。矿物或岩石在变形环境中会产生不同的显微构造或使同一显微构造具有不同的形态和方位（钟增球和郭宝罗，1988）。利用显微构造与应变间的关系，可以分析岩石或矿物变形时应变量的大小、应变的方式及应变速率等。

1. 估算应变量

定量估算岩石变形后应变量的大小以及由此来估算韧性剪切带的位移量、体积变化或造山带的缩短量等是显微构造研究的重要内容。在均匀三维有限应变体的六个参数中，其中三个参数是描述应变椭球方位的，另外三个参数是描述应变量的。应变量可以用三个应变主轴的拉伸量来表示，也可以用两个应变率描述应变椭球的形状，而用体积变化描述应变量的大小。通常，应变椭球（即有限应变测量）和剪应变是衡量应变大小的量。

（1）有限应变测量

在应变测量中，通常是测量岩石中各种应变标志物的变形来计算岩石有限应变的，用各点上应变椭球的三轴方位 x、y、z 和其大小 λ_1、λ_2、λ_3 来表示其应变状态。常用来做有限应变测量的标志物有：矿物颗粒（或矿物集合体）、畸变的化石、鲕粒、砾石、褪色斑（还原斑）等。Ramsay 和 Huber（1983）曾对有限应变测量方法做过比较系统的总结，此处不再赘述。

（2）估算剪应变量

常用的估算剪应变量大小的方法主要有：利用有限应变测量的主应变、剪切带内面理与剪切带边界的夹角关系、先存面状构造方位的改变、S 面理厚度的变化、标志层厚度的变化、旋转碎斑的尾部及压力影的变化等方法估算剪应变，具体测量方法可以参阅郑亚东等（1985）、Ramsay and Huber（1983）等有关教学参考书。

(3) 估算体积变化

岩石变形常常引起岩石成分的变化，从而改变岩石的体积，使其增加或减少。因此，估算体积是非常重要的手段之一。目前用于估算岩石体积变化的方法主要有两种：有限应变法及岩石化学法（彭少梅，1994）。

① 有限应变法

该方法利用有限应变方法测得岩石的应变椭球主轴值，再利用其体积与应变的关系求体积变化量。体积与总应变的关系为：

$$\Delta v = (1+e_1)(1+e_2)(1+e_3) - 1 \tag{3-6}$$

式中：Δv 为体积变化值；$1+e_1$、$1+e_2$、$1+e_3$ 分别为应变椭球主轴 x、y、z 轴的长度。Gray 等（1991）曾利用该方法研究了澳大利亚东南部奥陶系板岩，得出板劈理形成过程中板岩体积损失量为 10% 左右。

② 岩石化学法

岩石化学法是利用岩石化学组分的变化来估算其体积的变化，也称质量平衡分析法。该方法是分析变形岩石中组分迁移规律的有效方法。它是确定变质变形过程中岩石物质组分迁移的一种定量分析方法。利用此法可对韧性剪切带变形过程中元素和组分迁移规律进行分析，计算剪切带体积的变化，进而估算剪切位移量。

该方法使用的前提条件是：①假设变形前后质量守恒；②体积守恒；③某种组分守恒，常用 Al_2O_3 或 O 守恒；④一些元素无迁移或迁移量很小，这样变形前后这些元素间的比例保持不变，它们可以构成一条质量等比线，以此来确定物质的迁移。岩石中组分迁移可以用上述四个条件中的任何一个加以研究。对于糜棱岩类而言，因其变形后多伴随成分的变化，所以质量和体积往往不守恒；相反，Al_2O_3 往往是守恒的。一方面它是地球化学性质最稳定的组分；另一方面它是铝硅酸岩的主要组分，其本身很难大规模迁移，所以剪切带的质量平衡分析常以 Al_2O_3 守恒为限制条件进行。

利用上述方法，钟增球和游振东（1995）得出广东河台剪切带糜棱岩和千糜岩的体积亏损率分别为 11% 和 28%；韦必则（1996）得出大别山剪切带中从榴辉岩到角闪片岩的退变质阶段的塑性剪切变形过程中，体积的扩容率为 3.5%～28%。

上述各种方法都是以平面应变为前提的，有一定的局限性。因此，在具体应用过程中，还要注意以下几个问题：

第一，应变的不均一性。岩石由于自身成分、结构等的不均一性，在变形过程中必然造成应变的不均一性。如长英质岩石中，石英常常承受了大部分应变量，而长石只承受少量应变甚至作为刚体不变形；云母石英片岩中，暗色云母条带调节了主要的应变，而浅色石英条带则只记录了小部分应变；单成分的大理岩也常常表现为强弱应变相间的条带，显示出极大的不均一性。

第二，颗粒形态的误差。在利用颗粒形态轴比估算应变时，不能用动态重结晶新晶粒轴比来代表全岩所承受的应变量，因为它们只记录了其生成后所经历的应变。在变形强烈的超糜棱岩中，动态重结晶多晶条带常常很难辨认，所以不宜再用，需采用其他应变标志，如压力影等。

第三，对 S-C 面理夹角的误解。即把 S-C 面理的交角直接当作剪切带新生面理与剪切带边界的夹角来估算。事实上，在典型的 S-C 组构糜棱岩中，C 面理是剪切条带、强应变带，常常与剪切带边界有一小的交角。用 S-C 面理估算的结果只能近似代表弱应变域 S 面理所体现的应变量，而强应变带中 C 面理所记录的主要应变却被忽视了。所以利用此法所估算的应变量远小于实际的应变量。

2. 定量分析应变方式

构造型式的对称程度反映了整体的应变机制。通常认为共轴应变（纯剪）形成共轴对称组构，非共轴应变形成不对称组构。因此，许多学者利用各种对称、不对称显微构造现象来直接判断和分析剪切带乃至造山带的应变方式。如 Davis（1987）根据 S-C 组构证明 Pinaleno 山伸展构造为简单剪切非共轴机制；Lee 等（1987）根据应变和组构分析确定了美国蛇岭是纯剪（共轴）和单剪（非共轴）共同作用的结果；钟增球和郭宝罗（1991）运用残斑系、压力影、S-C 组构、岩组图等的对称性分析了河南东部秦岭群变形的应变方式，认为其北缘推覆形成的剪切带为共轴应变，其糜棱岩中的各种显微构造（碎斑系、压力影等）均较对称，且呈斜方或近斜方对称，因此认为秦岭群内发育的走滑剪切带为非共轴应变，表现为其糜棱岩的显微构造多为非对称构造，如 δ 型碎斑系、云母鱼、S-C面理组构等则明显地反映出非对称的应变方式。由此可见，对一个地区特别是对造山带应变方式的分析，对造山带形成及演化模式乃至对岩浆侵位（如对变质核杂岩形成过程中应变状态的争论就涉及变质核杂岩中大型花岗岩是主动侵位还是被动侵位）等大地构造问题的探讨都具有十分重要的意义。

目前，对共轴及非共轴应变的分析还可以用运动学涡度（W_k）来定量说明。运动学涡度是从理论力学中有关涡度的理论中发展起来的，其值的大小可以确定剪切带是在哪一种剪切作用（单剪、纯剪及一般剪切作用）下形成，并可直接或定量表示一般剪切作用中单剪和纯剪的分量比值。这种理论也称为剪切带作用理论。此项研究主要开始于 20 世纪七八十年代，是目前构造地质学研究的新方向，许多问题都值得进一步研究和探讨。

3. 估算应变速率

岩石流变试验表明，应变速率是岩石所受应力及其作用方式的函数，其大小受应力、温度及岩石激活能大小的控制。一般表达式为：

$$\varepsilon = A\sigma^n \exp(-Q/RT) \tag{3-7}$$

式中：A 为材料的热放常数；Q 为蠕变激活能；n 为应力指数；R 为气体摩尔常数；T 为变形时的绝对温度。该公式由于变形机制不同也会有所不同。

对于位错蠕变，公式表示为：

$$\varepsilon = (AD_V \boldsymbol{G} \boldsymbol{b}/KT)/(\sigma/G)^n \tag{3-8}$$

对于扩散蠕变，据 Knipe(1989) 总结为以下四种：

(1) 晶格扩散(Nabarro - Herring 蠕变)：

$$\varepsilon = (AD_V \Omega \sigma)/(KTd^2) \tag{3-9}$$

(2) 颗粒边界扩散-干状态下 Coble 蠕变：

$$\varepsilon = (A\Omega D_b \pi s\sigma)/(KTd^3) \tag{3-10}$$

(3) 颗粒边界扩散-湿状态下扩散控制蠕变：

$$\varepsilon = (A\Omega D_b c\pi s\sigma)/(KTd^3) \tag{3-11}$$

(4) 溶解／沉淀控制的物质迁移：

$$\varepsilon = (AI\Omega s\sigma)/(KTd) \tag{3-12}$$

上述各式中：A 为常数；Ω 为固体的分子体积；D_V 为体积扩散系数，D_b 为颗粒边界扩散系数(干状态)；G 为剪切模量；$\boldsymbol{b}$ 为伯格斯矢量；I 为固体的溶解或生长速度(最低的)；s 为扩散作用有效的颗粒边界宽度；C 为溶度(颗粒边界流体中固体的摩尔数)；K 为玻尔兹曼常数(1.38×10^{-26} kJ/K)；d 为颗粒直径。

由此可见，在应用上述公式时，一定要先弄清变形机制，再选择合适的公式进行计算。

另外，脉体和压力影中的纤维或长轴状晶体的生长速率几乎完全依赖于其空间张开速率，也有学者用同位素直接测定压力影中石英纤维的增量应变速率或残斑尾部的生长及旋转速率。

目前，应变速率的估算仍不准确，误差因素较多，主要因素有：流动定律自身和它们在地质中应变速率的外推、温度估算的误差、变形机制的复杂性以及影响因素的非单一性等，因此还有待于进一步深入研究。为此很多学者通过大量岩石及矿物的高温高压实验及对天然岩石的研究建立了矿物和岩石特别是上地幔岩石的流变本构方程。如林传勇等（1999）通过对采自福建明溪的幔源包裹体样品的详细研究（通过地质温度计、差异应力的计算、应变速率和等效赫滞度的计算等），建立了该区上地幔的地温线，探讨了其流变学特征。上地幔的热结构和流变学特征是岩石圈动力学研究的重要问题，也是进行岩石圈四维填图所必需的基础资料。近年来的研究成果表明，幔源包裹体的详细研究是探讨上地幔热结构和流变学特征的有效途径。

3.2.3　变形温压条件分析

众所周知，影响岩石和矿物变形的重要因素是温度和压力。岩石和矿物在不同的温压条件下，受不同变形机制的控制表现出不同的变形行为，产生不同的变形现象。因此，可以根据矿物、岩石特有的变形现象来推断其变形时的温压条件，主要方法如下：

1. 变形纹法

变形纹在石英中最常见，有时在斜长石、辉石和橄榄石中也能见到，但目前对石英的变形纹研究最为详细。Ave'Lallemant 和 Carter（1970）通过对石英变形纹的研究认为石英的变形纹分为底面变形纹、次底面Ⅱ变形纹、次底面Ⅰ变形纹和柱面变形纹四类，它们的形成环境不同。通常在低温、高压条件下，石英中常出现底面型变形纹，即出现与底面平行或近平行（＜5°）的变形纹；中温、中压条件下，则出现次底面型变形纹，即出现与底面交角为 5°～35° 的变形纹；在高温、低压条件下，出现柱面型变形纹，即变形纹与柱面平行或近于平行（图 3-53）。因此，可以根据石英变形纹的类型来推断石英变形时的温压范围。

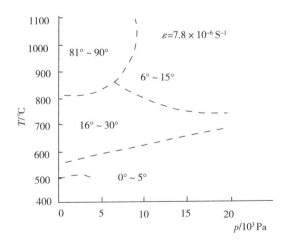

图 3-53　石英变形纹出现的方位与温度-压力的关系图

（Ave'Lallemant and Carter，1970）

2. 扭折法

Etheridge（1981）研究云母扭折时认为：在温度较低（300℃～500℃）、应变速率较高的条件下，云母出现的扭折带密集而狭窄，且与压缩方向呈高角度相交；温度较高（600℃～700℃）、应变速率较低时，扭折带较少且宽，与压缩方向呈低角度相交。云母的扭折带特征表现出在压力低时，扭折带宽；压力增大时，扭折带变窄。因此，用云母扭折的特征可推断云母变形时的温压条件。

3. 机械双晶法

用方解石变形双晶做温度计已经得到广泛认可。Ferrill 等（2005）、Burkhard（1993）的研究表明，方解石机械双晶的宽度和强度与应变和变质程度密切相关。

一般情况下，平直狭窄的Ⅰ型双晶（双晶片厚度小于 1 μm，Burkhard，1993）（图 3-30、图 3-31）指示岩石的变形温度低于 200℃，平均双晶密度（双晶面数/mm）与温度呈负相关关系。当温度大于 150℃时（Ferril 等认为温度大于 170℃时），双晶片厚度为 1～5 μm，且数量减少。更宽的板状Ⅱ型双晶（双晶片厚度大于 5 μm）（图 3-31、图 3-54）指示岩石的变形温度可达到 300℃。当温度大于 200℃时，交叉双晶和弯曲的Ⅲ型

图 3-54　方解石的高温边界迁移式重结晶

双晶会出现。双晶的弯曲是由于位错沿着 r 和 f 面滑移引起的。当温度进一步升高，高于 250℃时，由于高温边界迁移出现具有锯齿状边界的Ⅳ型双晶（Vernon，1981）（图 3-54、图 3-55、图 3-56）。因此，可根据方解石机械双晶的数量多少和双晶片厚度、宽窄来推测方解石变形时的温度、应变强度和变质程度。

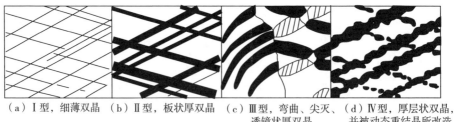

（a）Ⅰ型，细薄双晶　（b）Ⅱ型，板状厚双晶　（c）Ⅲ型，弯曲、尖灭、　（d）Ⅳ型，厚层状双晶，
　　　　　　　　　　　　　　　　　　　　透镜状厚双晶　　　　　并被动态重结晶所改造

10μm　　　　　　　温度升高

图 3-55　方解石机械双晶类型（Ferrill et al.，2004）

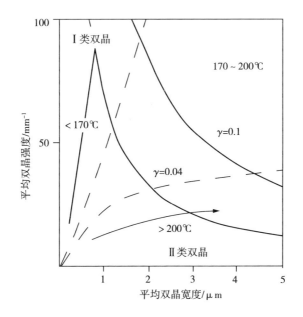

γ—剪应变且 γ＝Tt 2tan（α/2），其中：T—双晶密度；τ—双晶宽度；

α—从未双晶化颗粒边界到双晶面的旋转角，α＝38°17'。

图 3 - 56　机械双晶与应变关系图（Ferrill et al.，2005）

注：低温条件下形成大量Ⅰ型双晶；高温条件下形成较宽的双晶，

双晶宽度随应变增大而增大，但双晶数量不随应变增加而增大

4. 矿物的活动滑移系法

矿物中滑移系的活动性也是受温压条件控制的。因此，可以通过测定矿物中的滑移系来推断变形时的温压条件。

5. 组构优选方位法

通常，结晶学优选方位可以用来确定晶体内的活动滑移系，从而可以间接推测矿物变形的温度条件。图 3 - 57 给出了石英光轴组构环带开角与温度的关系（Law et al.，2004；Passchier and Trouw，2005），由图可见，随着变形温度的增加，其开角呈线性增加（误差约为±50℃）。在平面应变条件下，测量石英光轴环带间的开角要在平行线理和面理的平面上进行。图 3 - 58 则是石英在非共轴变形时，随温度增加，由不同的滑移系形成的光轴组构图（Passchier and Trouw，2005）。非共轴递进变形过程中，随着板状程度的加深，四类石英 c 轴（浅灰色）和 a 轴（深灰色）的晶格优选方位极密图。变化由主滑移系的改变产生。

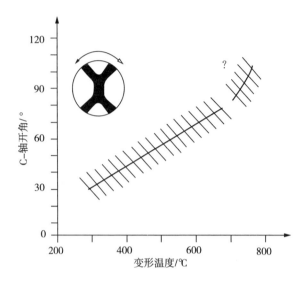

图 3-57　石英光轴组构环带开角与温度关系图（Passchier and Trouw，2005）

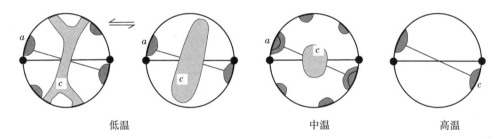

低温　　　　　　　　　中温　　　　　　　高温

图 3-58　石英 *a* 轴、*c* 轴晶格优选方位极密图（Passchier and Trouw，2005）

6. 矿物的动态重结晶法

据金属物理学理论，矿物的动态重结晶一般只在温度达到矿物绝对熔融温度的一半以上时（$T>0.5T_m$）才出现。由此，可根据不同矿物中动态重结晶的出现及不同重结晶方式来大致推算变形时的温度。

Passchler 和 Trouw（2005）认为，变形岩石中矿物发生由膨凸动态重结晶作用到亚颗粒旋转动态重结晶作用，再到高温边界迁移动态重结晶作用所需的温度是逐渐增高的，相应形成的新晶粒粒径也逐渐增大。因此，不同矿物出现不同型式动态重结晶的温度是不同的。Hirth 和 Tullis 等（1992）指出温度、应变速率和差异应力是影响矿物不同重结晶机制的主导因素。但也有学者认为除了上述因素外，还应当考虑压力、流体等综合因素的作用。

7. 出溶构造法

通过等化学反应形式（A ——→ A′＋B）形成的出溶后形成的合晶的宽度也可

以用作温度计。这种后成合晶是由颗粒边界迁移机制导致矿物 B 在反应交界面成核，然后迁移至过饱和的相邻老颗粒中形成的。在这种情况下，颗粒边界迁移速率几乎完全受控于温度。由于矿物 B 的出溶体积百分比依赖于矿物 A 的原始成分，因此这个宽度必须是 A′ 和 B 成对出现的总体宽度而不是它们各自的宽度。Boland 和 Van Roermund（1983）给出了在退变质的榴辉岩中出现的出溶后成合晶的例子，其中钠单斜辉石被单斜辉石和斜长石置换。

出溶构造等相变过程可以通过 TTT（时间－温度－转变）图解中成对出现的曲线展示出来，其中一条曲线是当新矿物相开始出现时的时间和温度；另一条曲线则表示反应结束时的时间和温度。在温度偏高至出溶临界温度时，物质的扩散速率高而成核率很低；温度偏低则正好相反。因此，TTT 图解中的曲线表示的是在某一个中间温度条件下成核的最短时间。

图 3-59 是绿辉石晶内、晶间出溶形成斜长石的 TTT 曲线示意图。高温时，出溶层均匀地分布在单斜辉石晶体内部，但低温时出溶后成合晶形成于颗粒边界。在温度-时间曲线的区间内可以形成唯一的显微构造现象，由此可重建 $P-T-t$ 轨迹。

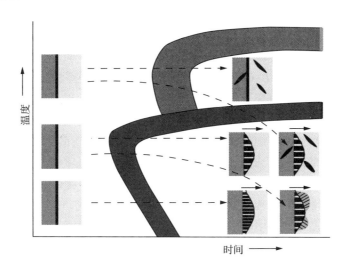

图 3-59　绿辉石晶内、晶间出溶形成斜长石的时间-温度-转变曲线示意图

（Passchier and Trouw，2005）

注：虚线箭头为后成合晶的等温线轨迹，右下角图示两个绿辉石晶粒边界显微构造发育的细节；
低温条件下颗粒边界迁移至另一颗粒时形成出溶的后成合晶；实线箭头表示颗粒边界迁移方向；
后成合晶空间随着温度的降低而减少；当温度随时间显著变化时（弯曲轨迹），形成复杂的
晶内构造；这种显微构造可用于重建冷却轨迹

8. 岩石的矿物变形组合法

在不同的构造层次或不同的变形环境下，岩石会显示出不同的变形矿物组合。由此可推断岩石变质变形时的温压条件（Simpson，1985；胡玲，1998；Passchier and Trouw，2005）。前人研究的变形矿物组合以长英质糜棱岩最多，主要分析了其在不同变形环境下，岩石中不同矿物的变形组合有以下几种：

① 在地壳表层次，温压低于绿片岩相条件（温度低于300℃）下，糜棱岩中的长石和石英主要呈脆性变形。长石因颗粒内发育两组完全解理（010）、（001），而使其强度比石英弱（Evans，1988）。部分长石尤其是钾长石易分解成高岭石及绢云母。

② 在低绿片岩相条件（温度为300℃～400℃）下，糜棱岩中的石英主要表现为塑性变形（位错滑移及蠕变），出现以位错滑移形成的单晶丝带构造，而长石还为脆性变形。当温度逐渐升高时，石英因恢复作用而产生核幔结构，新晶以膨凸动态重结晶作用为主。长石的变形机制以内部的显微破裂和碎裂流动为主，局部发生弱的位错滑移，晶内可出现波状消光、机械双晶、变形带、扭折等由位错滑移引起的变形现象。高应变时，长石还可以发育成眼球状，边部为细粒的长石及石英集合体。局部动态重结晶作用形成的新晶主要是由化学组分不均衡造成的。在该环境下，黑云母也以韧性变形为主，可出现膨凸重动态结晶作用，但很容易退变为绿泥石。

③ 在高绿片岩相条件（温度为400℃～500℃）下，糜棱岩中的长石开始发生以膨凸动态重结晶为主要变形机制的重结晶作用。晶内仍出现普遍发育机械双晶、变形带、扭折等现象。当温度偏高时，碱性长石在高应力部位可出现蠕英结构。石英则发生以亚颗粒旋转动态重结晶为主的重结晶作用，发育多晶集合体条带。此时，黑云母普遍重结晶，新晶以亚晶粒旋转式动态重结晶作用为主。

④ 在低角闪岩相条件（温度为500℃～600℃）下，糜棱岩中的长石开始出现位错攀移，出现亚颗粒旋转重结晶作用，蠕英结构发育，但在高应变速率下仍以膨凸动态重结晶作用为主，发育核幔结构，在有流体参与下，碱性长石动态重结晶常伴有成分的分解作用，可形成大量的白云母和石英。此时，石英出现了高温边界迁移动态重结晶，多晶条带中的单晶常常为矩形颗粒，随着应变量增加，石英条带可有胀缩变化，而形成同构造"眼球体"。

⑤ 在高角闪岩相条件（温度为600℃～700℃）下，糜棱岩中的长石变形机制以亚颗粒旋转动态重结晶作用为主，发育核幔结构，核部亚晶粒发育，与幔部新晶逐渐过渡。在有流体参与时，碱性长石除动态重结晶外，还可分解为矽线石和石英。石英以高温边界迁移式动态重结晶为主，多晶条带中的单晶为长矩状颗粒。

⑥ 在麻粒岩相条件（温度高于 700℃）下，岩石的变形已经为完全的晶质塑性变形。长石表现为完全的晶质塑性，动态重结晶作用非常发育。斜长石新晶集合体内常常有乳滴状石英，而碱性长石新晶集合体则为斜长石、碱性长石和石英的交生体。石英可以出现重结晶的长条状单晶条带。

9. 糜棱岩中新生基质的矿物组合法

糜棱岩是在热动力变质条件下形成的。韧性剪切带不仅是构造带，同时还是变质带（游振东，1985）。糜棱岩中，通常残斑矿物组合代表了原岩的变质相或变质条件，而新晶基质的矿物组合代表了糜棱岩变形后的变质矿物组合或变形条件。以长英质糜棱岩为例，绿片岩相条件下的新生基质矿物组合为：绿帘石＋绿泥石＋黑云母＋石英＋钠长石（白云母）；角闪岩相条件下的新生基质矿物组合为：斜长石（富钠）＋微斜长石＋石英＋黑云母（角闪石）；低角闪岩相时可出现大量白云母，高角闪岩相时可出现矽线石；在麻粒岩相条件下，新生基质矿物组合为：单斜辉石＋斜方辉石＋斜长石＋石英等。由此，可以根据糜棱岩基质中新生矿物组合推算岩石变形时的温压条件。

除了上述方法之外，还有利用碳酸盐质糜棱岩中与方解石共生的白云石含量、假玄武玻璃中碎斑与熔融基质含量的百分比、钾长石中的条纹长石和斜长石中的蠕英结构等推断变质变形条件。当然，利用在物理化学基础上建立起来的各种地质温度计、压力计、稳定性同位素及包裹体测温等来推算变形时的温压条件更加精确可靠。

第4章 构造带岩石变形特征和变形机制

众所周知，韧性剪切变形是控制和影响地壳构造形成、演化的重要因素，在同一构造带内出现不同类型的岩石变形是十分常见的现象。地球物理探测结果表明，某些大型断裂带可延伸到下地壳甚至上地幔的深度。因此，构造带岩石变形是从地表的脆性变形沿着断裂带向深部逐渐转变成韧性变形的，直至发生塑性流变。在以往的研究中，一般侧重于几何形态的分析和研究，并以此对构造带进行分类（Ramsay，1980）。20世纪80年代，构造地质学家们开始关注对构造带内部变形岩石的研究，特别是对变形岩石的组构、显微构造变形机制以及韧性剪切带活动过程中元素的迁移变化规律等方面的研究给予了足够的重视，并取得了丰硕的成果。

1988年Scholz应用长石和石英的流变学表现提出了断层带的模型；1998年Kawamoto等应用了盐岩模拟实验研究的结果，建立了由脆性域、半脆性域、半韧性域和韧性域构成的地壳断层带结构模型；Shimada（1993）、刘俊来（1999，2004）等注意到地壳浅部层次岩石强度的变化与大陆地壳多震层的对应关系，提出了新的地壳断层带模型；1984年Wise发表了T、P、ε之间的关系与变形结构之间的联系，从而揭示了脆性变形体制与塑性变形体制之间的内在联系，为断裂带深层次岩石变形的研究提供了理论基础。我国构造带岩石变形方面的研究也成绩斐然，1986年嵇少丞从Albes采得了自然界深地壳变形岩石的样品，发表了第一篇关于深地壳变形岩石特征方面的文章，认为挪威Jodun推覆体存在下地壳变形岩石。

由此可见，构造带不同深度的岩石变形特征及变形机制是不同的，近地表出露的破裂带是低温、低压、高应变速率的变形条件下的产物，属脆性变形体制；对发生在中下地壳中的韧性剪切带来说，其下部常常可见到残斑等相对刚性体两侧出现柔性层的侧向流动现象，这种流动构造是塑性变形的结果，说明中下地壳高温、高压、低应变速率的变形条件下的产物属塑性变形体制。而介于脆性和塑性之间的是脆—塑性过渡的变形体制。

4.1 岩石的变形特征

目前所说的岩石变形机制实质上只是岩石中某些矿物的变形机制。例如，对于长英质岩石来说，岩石变形机制主要是指石英和长石的变形机制（王小凤，

1993)。原因是在相同的条件下不同矿物会表现出不同的变形机制。所以，岩石的变形机制只能是各种不同矿物不同变形机制的综合效应。1989 年 Knipe 将岩石变形过程中岩性条件、变形环境以及物质过程看成是制约变形机制的三个主要因素，并以此来探讨不同矿物表现出的不同变形机制。

4.1.1　岩石的力学行为

通常，当岩石表面受到的作用力较小，且作用时间较短时，岩石变形不明显；当作用力较大且作用时间较长时，岩石就会发生永久变形；当作用力超过岩石的破碎强度时，就会发生以断裂作用为主的变形。因此，岩石在应力作用下，会表现出以下三种力学行为：弹性、非弹性（包括脆性、韧性）和蠕变。

1. 弹性

当撤去使岩石变形的应力以后，岩石立即恢复到变形前的状态，岩石的这种特性称为弹性。岩石的弹性变形在地质学研究中不占重要地位。

2. 非弹性

当撤去使岩石变形的应力以后，岩石不能恢复到变形前的形态和大小，保持了永久变形，岩石的这种特性称为非弹性，其可分为：脆性、韧性。

① 脆性：显微脆性变形主要是显微破裂的产生和扩展及有关的破碎作用。首先在应力的作用下，岩石内由于穿晶张裂隙的开放而出现显微破裂，随着应力的增加，显微破裂不断加大。显微破裂分布不均匀，多集中在强应变处，此处就容易产生宏观破裂。

Paterson（1982）把脆性范围内岩石在压缩状态下宏观破裂发生前的应力-应变状态划分为四个阶段：第一阶段，应力-应变曲线下弯，表示样品内部孔隙和裂纹因压实而减少，宏观效应属非强性；第二阶段，主要涉及晶粒和孔隙的强性变形，此时可能有很小的显微破裂产生；第三阶段，曲线明显地偏离了完全弹性，此时显微破裂开始扩张；第四阶段，从显微破裂明显的局部化开始为起点，一直到宏观破裂（轴向张裂或剪切型破裂）。

② 韧性：韧性在金属学上称为延性，地质学有人称为延性，有人称为柔性。韧性是指岩石在没有明显破裂的情况下，其形状和大小发生显著变化的能力。在此区分一下矿物变形中所述的塑性变形：矿物的塑性变形通常是指外力超过屈服极限时材料（矿物）发生的永久变形。单从定义上看，塑性变形似乎和韧性变形没什么区别，其实它们的使用范围是不同的。在地质学上，一般用韧性变形来讨论岩石的宏观变形；而用塑性变形来讨论矿物晶内滑移等变形及其机制。

上述脆性行为与韧性行为的差别主要体现在宏观尺度上，即岩石经受永久变形，会不会发生宏观破裂的行为。发生宏观破裂就是脆性行为，不破裂就是韧性行为。因此，在研究断层（特别是地壳浅部的断层）和节理时，主要涉及岩石的脆性变形；而在研究褶皱和韧性剪切带时，则主要涉及岩石的韧性变形。区分岩石的脆性变形和韧性变形是非常有意义的，因为这两种行为产生的环境条件是不同的。因此，分析天然变形岩石的变形特征可以推断岩石变形时的物理环境。

3. 蠕变

蠕变是应变随时间变化的关系。它是指在小的恒定应力的长期作用下，固态岩石可以发生连续增加的一般是很慢的变形（应变）。因为天然变形可供利用的时间是近无限长，所以蠕变的地质意义是巨大的。典型的蠕变曲线可以分成三个阶段：第一阶段应变速率递减，为过渡阶段；第二阶段应变速率恒定，为稳态蠕变；第三阶段应变速率递增，为加速蠕变。

4.1.2 影响岩石力学性质及变形行为的因素

在同样的变形环境（温度、压力、加载的快慢、方式和大小等）下，不同的岩石会有不同的力学反应；同时，同一种岩石由于变形环境的变化，变形行为也会发生改变。岩石的力学性质和变形行为主要取决两个方面：一是内在因素，即岩石本身的成分、结构和构造特征；二是外界因素，即岩石所处的变形环境。此外，样品的尺寸、形状等也有一定影响。

1. 岩石本身的因素

（1）岩石的成分、结构、构造因素

岩石中矿物种类、粒度、结构和构造对岩石强度有很大的影响。一般认为组成矿物硬度大、矿物之间的结合紧密，则岩石强度大。例如石英是硬度比较大的造岩矿物，在石英岩中，石英颗粒结晶度好，呈现镶嵌结构（联结力强），因此石英岩的强度就很大；在花岗岩中，石英颗粒中间有其他矿物充填，所以石英颗粒对花岗岩的强度影响就小些。而像砂岩一类岩石，当石英含量高时，强度就会大一些；当石英含量低而黏土质（胶结物）含量高时，强度就会显著下降，所以砂岩的强度变化范围比较大。

此外岩石的结晶度和岩石中矿物的优选方位对岩石的强度影响也很大。在同样的外界物理条件下，不同岩石的变形行为有很大差异。Miller（1981）根据实验结果把岩石的应力-应变曲线分为五种类型（图4-1）。当然这是在一定条件下

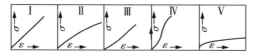

Ⅰ—弹性，玄武岩、石英岩、辉绿岩、白云岩等；Ⅱ—弹—塑性，软弱灰岩、泥岩、凝灰岩等；Ⅲ—塑—弹性，砂岩、花岗岩等；Ⅳ—塑—弹—塑性，大理岩、片麻岩等；Ⅴ—弹—塑—蠕变，盐岩等。

图4-1 岩石的典型应力-应变曲线类型（Miller，1981）

的变形特征，当湿度、压力等条件变化时，变形行为也会改变。

（2）岩石的孔隙度与含水量

岩石中孔隙在变形时，特别是在有围压作用下的变形，岩石孔隙会被压紧，引起体积缩小，因而强度会加强。而当孔隙中有水时，则对强度影响更大，这可能是因为：①孔隙水破坏了岩石的黏结力；②孔隙水起到润滑作用；③孔隙水压抵消了一部分围压；④促进物质的扩散和运移；⑤促使矿物产生水解弱化作用。实验结果表明，孔隙水压越大，则岩石的强度越低。

孔隙压力还会影响岩石的变形行为，使岩石产生由脆性向韧性的过渡变形。图 4-2 表示的就是在 6.895×10^7 Pa 的围压和各种孔隙压力作用下的石灰岩的应力-应变曲线。这些曲线显示出随着孔隙压力的增加，岩石从脆性行为向韧性行为的转变。由这一个结果可以得出，在围压相同的条件下，孔隙压力的增加使岩石趋向于韧性变形。

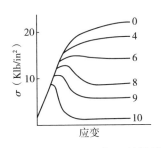

图 4-2　6.895×10^7 Pa 的围压和各种孔隙压力作用下的石灰岩的应力-应变曲线（Heard，1960）

注：围压为 6.895×10^7 Pa，曲线上的数值是孔隙压力，单位同 σ。

$1 \text{ Klb/in}^2 = 6.895 \times 10^6 \text{ Pa}$

（3）岩石中先存的面状构造

由上述可知，当岩石中先存有面状构造时，岩石因加载的方位不同而表现出不同的强度。实验也表明，这种面状构造还控制着岩石破裂的发育和扩展，这对研究岩石断裂及其系统具有重要意义。图 4-3 所表示的实验结果可以说明这一问题：当试件中先有缺口（裂缝）时，加压过程中首先在裂缝的两端发生破裂，开始是张裂［图 4-3（a）（b）］，进一步变形，才在张裂的基础上，在原先存在的裂缝之间形成剪裂［图 4-3（c）］，

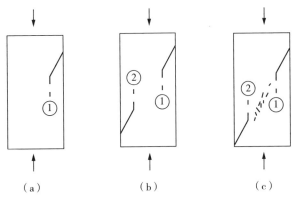

（a）　　　　　　　　（b）　　　　　　　　（c）

图 4-3　试件内有先存裂缝时，破裂发育的阶段和特点示意图

（国家地震局地质研究所，1982）

并把裂缝贯通。如果变形前裂缝的位置不同、数量不同，那么变形破裂的发育与扩展的特点也就不同。此外，试件的形状、大小等也会影响岩石的强度等力学性质。

2. 外界物理环境的影响

(1) 围压

围压对岩石的强度和变形行为都有明显影响。一般来说，增大围压会提高岩石的强度。这方面已有许多实验证据，最常被人们引用的经典实例是 Von Karman（1911）对卡拉拉大理岩进行的实验变形研究成果。他获得了不同围压下的各种应力-应变曲线（图 4-4），清楚地显示了围压对岩石强度的影响。近年来，许多研究者对其他岩石所做的实验变形，也都得出了同样的结论。

另外，围压的增加会增加岩石韧性。在图 4-4 中可以看到，围压到 5×10^7 Pa 时，脆性破裂仍然出现得比较早，应变为 2% 岩石就失去了强度。但当围压高到 6.5×10^7 Pa 时，应变达 7% 岩石仍不失去强度，显示了较好的韧性。图 4-5 所示的结果可以进一步说明这一个问题。很显然，随着围压的增高，石灰岩变形由脆性过渡到韧性，压缩实验与拉伸实验均如此，只是拉伸实验要求的围压更高一些。

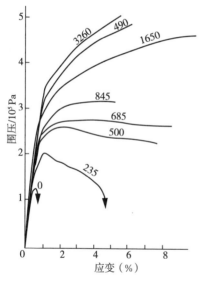

图 4-4　卡拉拉大理岩在不同
围压下的应力-应变曲线
（Von Karman，1911）

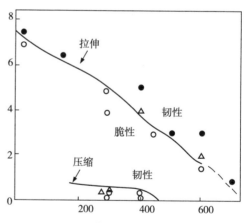

○—脆性；△—过渡；●—韧性。

图 4-5　在压缩和拉伸实验中，
当围压和温度变化时索伦霍芬
石灰岩的脆—韧性转变图（Head，1960）

(2) 温度

图 4-6 是 Griggs 等（1960）在 5×10^8 Pa 围压下对花岗岩所做的实验变形

研究的结果，不同的温度下有不同的应力-应变曲线，这清楚地显示出花岗岩的强度随温度的升高而降低的趋势。从图中还可以看到温度和变形行为的关系，同一温度下不同应变速率所产生的应变率是不同的，并随着温度的增设韧性逐渐增强（800℃时，应变达 15％以上岩石尚未被破坏）。在图 4-5 中也可以看出相同的情况，即温度升高时，岩石由脆性过渡到韧性。

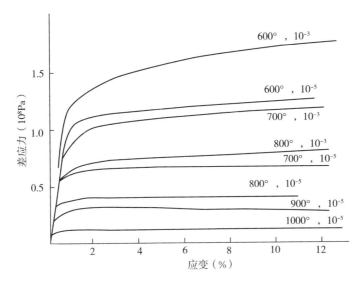

图 4-6　花岗岩在 5×10^8 Pa 围压和不同温度下的应力-应变曲线（Griggs 等，1960）

注：曲线上的数字逗号前的为实验温度，逗号后的为应变速率，单位是 s^{-1}

也有少数情况例外，主要是某些含水矿物或岩石，当温度升高时，可能会出现强度暂时的增大；当达到一定温度后，强度又突然下降。不过当温度再下降时，岩石的强度不会恢复到原来的水平。

在温度和围压都较低的地表和浅地壳，岩石呈脆性变形时，随着深度加大，温度和围压都升高，岩石则可能表现为韧性变形。所以一个大的断层带，浅部表现脆性断裂形式，深部则可能为韧性剪切形式。

（3）外施应力加载条件

外施应力加载条件即加载条件对岩石力学性质的影响，主要有以下三个方面：

① 加载的速度

加载的速度，实际上就是应变速率的大小。一般说来，加载越快，即应变速率越大，岩石的强度也越大；反之亦然。

图 4-7 是 Paterson（1982）对卡拉拉大理岩所做实验变形得出的应力-应变曲线。从图中可以清楚地看出应变速率对岩石强度的影响：在 600℃、700℃和

800℃ 温度条件下，应变速率为 $10^{-3}/s$ 时岩石的强度比相应温度下应变速率为 $10^{-5}/s$ 时的强度要大。

表 4-1 所列的实验结果可以进一步说明应变速率对岩石（砂岩和辉长岩）抗压强度的影响。

有一个众所周知的例子可以说明应变速率对岩石变形行为的影响，那就是沥青的变形。当用铁锤猛击沥青块时，沥青块立即破碎成小块，显示出脆性变形。但当用一个重物压在一块沥青上时，经过较长的时间之后（相当于缓慢加载），沥青就会慢慢发生塑性变形，显示出很好的韧性。在天然变形岩石中也有类似的例子。在冲击作用（如

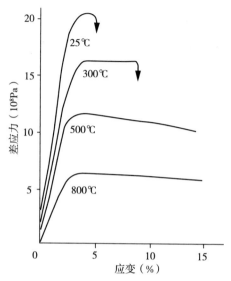

图 4-7　Paterson（1982）对卡拉拉大理岩所做实验变形得出的应力-应变曲线

陨击坑）下，各类岩石都发生脆性破裂，有些岩石中云母还会出现具有特征性的击象（用钉子打击云母也会出现击象）。而在区域变质作用下，岩石可以发生弯曲和褶皱，其中的云母解理常常出现弯曲和扭折。由此可见，应变速率对岩石变形行为的影响是巨大的。

表 4-1　加载速率对岩石抗压强度的影响

岩石名称	单轴抗压强度/（kg/cm）		
	到破坏时间 30s	到破坏时间 0.03s	增加强度（30%）
砂　岩	563	844	50
辉　长　岩	2180	2820	30

②　加载力的方位与中间主应力

加载力的方位也常常影响到岩石的强度和变形行为，特别是当岩石内具有先存的面状构造（破裂面、叶理、片理面等）时。当外施应力与这些面状构造成 45° 左右角度时，岩石强度明显降低（由于此时这些面上的分剪应力很高，因此很容易沿此面发生滑动）。图 4-8 的横坐标是外施应力与岩石中先存面状构造之间的夹角，曲线表示当这一角度从 0° 增大到 90° 时岩石强度的变化。曲线形态清楚地表明，当先存面状构造与加载力大约成 45° 时，岩石的强度要低得多。

关于中间主应力的作用，过去认为破裂发生在平行 σ_2 的面内，所以往往不予

考虑。近年来，人们越来越注意到 σ_2 的大小对岩石力学性质的影响。研究表明，σ_2 的作用主要是对岩石强度的影响，图 4-9 表示了粗面岩强度与 σ_2 的关系。随着 σ_2 的增大，岩石强度也随之增大。另外，剪切破裂面与最大主应力之间的夹角 θ 也会随着 σ_2 值的增加而增大，岩石的韧性会随着 σ_2 值的增加而减小。如前所述，围压增大，岩石的韧性增大。此外，有人认为 σ_2 对破裂的产生影响不大，但对破裂的扩展有较大影响。

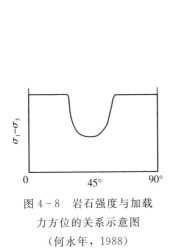

图 4-8　岩石强度与加载
力方位的关系示意图
（何永年，1988）

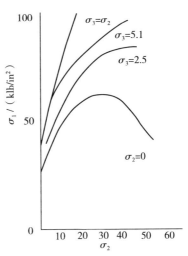

图 4-9　中间主应力 σ_2 对
粗面岩强度的影响（Hoskins，1987）
注：应力单位为 $klb/in^2 = 6.895 \times 10^6$ Pa。

③ 加载方式

加载方式也会影响岩石的强度。一般来说，岩石对挤压作用有较大的抵抗，即抗压强度较大，通常会比抗拉强度或抗剪强度大 20～30 倍。岩石的抗剪强度和抗拉强度也会因不同方向的加载受到影响，但影响不严重，强度变化不大。此外，反复的加载会引起岩石的疲劳，进而导致强度的下降。

上面分别讨论了影响岩石力学性质及变形行为的内因和外因。在岩石变形实验中也往往是固定一些因素，再改变一两种因素，观察它们所起的作用。但实际情况远没有那么简单：一是实际中往往是多重因素联合作用；二是各种因素之间相互影响、相互制约。因此，这种联合效应是非常复杂的。例如，围压的增高可以增大岩石的强度；温度的升高则降低岩石的强度；应变速率越大，岩石的强度越大；孔隙水压越大，则岩石的强度越低。当这些因素都变化时，则岩石的力学性质和变形行为就不是一种简单的变化关系了。在自然界中这种情况就更为复杂，因此在把实验结果外推到天然变形岩石中使用时需要格外谨慎。特别是自然界的有些变形条件（如极缓慢的应变速率）在实验室还无法达到，这就给外推增加了困难。多种因素的综合作用，造成了构造岩石具有非常复杂而又丰富的变形特征，也为构造岩石学研究提供了广阔的场所。尽管如此，上述的各种因素与岩石变形的关系依然是推断天然岩石变形条件的必不可少的依据。

4.2 岩石的变形机制

从宏观上看，岩石在应力作用下的主要变形方式是脆性变形、韧性变形以及界于脆性与韧性之间的脆—韧性的过渡。从微观上看，它们各自组成矿物的变形机制在第 3 章中已进行深入的讨论。但是，对于构造岩石学来说，由于每一种构造岩所含的矿物成分、矿物粒度及所含矿物比例不同，加之岩石的结构和构造的不同，所以岩石的变形要比矿物变形复杂得多，单从矿物的变形机制来探讨岩石的变形机制是远远不够的。因此，不仅需要讨论组成岩石的矿物变形，还要考虑在同一变质变形条件下的矿物组合的变形。

一般来说，岩石的韧性变形比脆性变形复杂得多。由于脆性变形与韧性变形并不是截然分开的，尤其是在脆—韧性过渡阶段，脆性变形的主要机制仍起重要作用，所以对脆性变形机制也简单介绍一些。

4.2.1 岩石的脆性变形机制

宏观上岩石的脆性变形即是脆性破裂，微观上主要是组成岩石的矿物产生显微破裂及相关的碎裂作用。通常在应力作用下，岩石内矿物由于穿晶张裂隙的开放而出现显微破裂。随着应力的增加，显微破裂不断加大，而且密度也增加。由于显微破裂的分布是不均匀的，在某些地方相对集中，并产生宏观破裂。

Paterson（1982）通过实验将试件内出现的小型破裂分为两类：引张破裂和剪切破裂。引张破裂是沿垂直于最小主应力 σ_3 方向的面突然分离而造成的，它们是典型的脆性破裂产物。剪切破裂是平行于分剪应力很高的准平面定位的断错。脆性变形时，这两类破裂面的产生都伴随能量的突然释放。

Paterson（1982）的研究表明：在脆性范围内，岩石在压缩状态下宏观破裂发生前的应力-应变状态可以分为四个阶段（图 4 - 10）。

第一阶段（Ⅰ）：应力-应变曲线下弯，表示样品内部孔隙和裂纹被压实，宏观效应属非弹性。

第二阶段（Ⅱ）：主要涉及晶粒和孔隙的弹性形变，此时可能有很小的微破裂产生。

第三阶段（Ⅲ）：曲线明显地偏离了完全弹性。此时微破裂开始扩展。随着应力的增长，这一种效应将很快地增强，并持续到峰值应力以后的第四阶段。不过在这一个阶段只有有限数量的裂隙扩展，还不足以发展形成宏观破裂。

第四阶段（Ⅳ）：从微破裂明显地局部化地开始，一直到宏观破裂的形成。有时微型的方位持续地以轴向为主，有时斜向的或剪切性的破裂的比例增大。微裂主要

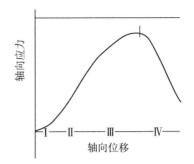

图 4 - 10　压缩试验中，岩石全载荷-位移曲线四阶段的一般性综合（Paterson，1982）

集中于最终破裂面的有限范围内扩展或连通，而破裂带外的微裂则趋于稳定。最终的宏观破裂为轴向张裂或剪切型破裂。

4.2.2　岩石的塑性变形机制

由于岩石本身的性质及变形条件的不同，起作用的机制也会不同，有时是一种机制起作用，有时是几种机制联合起作用。

通常，固态岩石产生塑性变形的因素主要有以下四个方面：

① 破裂-微破裂作用及发生在岩石或晶体碎块间相对运动而形成的碎裂流动；

② 晶粒边界滑移与岩石的超塑性；

③ 由晶内滑移所导致的狭义的塑性变形；

④ 由晶格中的原子、分子或空缺的位移所造成的扩散蠕变。

1. 碎裂流动作用

碎裂流动作用是低温条件下岩石变形的最基本过程，是指从矿物微裂隙的成核、扩展，发展到岩石宏观破裂以及由于破裂作用而导致的岩石破碎、碎块相对滑移与旋转整个过程中的作用，也称为碎裂流动（cataclastic flow）过程。这是个非常复杂的力学和物理过程。

碎裂流动是在相对低温条件下的一种岩石变形机制。在碎裂流动作用过程中，岩石破裂或较大粒径角砾的旋转及位移过程产生的空隙与岩石结构的不协调性，由较小粒径的角砾或热液充填的脉体物质协调。碎裂流动常常出现在低温、高应变速率和高流体压力条件下。碎裂作用将变形岩石中的矿物颗粒或集合体破碎形成细小的碎屑。另外，矿物碎屑内还可以看见波状消光现象，这与变形矿物破裂前的位错滑移等有关。

较低的温度、压力是碎裂作用发生的必要条件，因而速率作用经常发育于地壳断层带的浅部层次。低压可以由浅部层次较低的围压所致，或由较高的流体压力引起的有效围压效应所致。当然，岩石成分是有效速率作用发生的主要方面。如角闪质岩石在中下地壳也可以发生速率作用变形，而橄榄石质岩石甚至可以在上地幔条件下发生碎裂流动。

2. 晶粒边界滑移与岩石的超塑性

超塑性变形行为最早是在合金材料里发现的一种不同于普通晶质材料，而类似于沥青和玻璃的牛顿流变的变形行为。地质学家们也发现岩石中有类似的变形现象，并开始关注岩石的超塑性及其在地球科学中所起的作用。Boullier 等在1975 年第一次把超塑性流变应用于地质条件下的糜棱岩中。此后，地质学家们发现：在细粒岩石中（如灰岩、大理岩和糜棱岩等），特别是在韧性剪切带的岩石中都可能存在超塑性变形。大量的实验研究也证实了岩石超塑性的存在（罗震宇等，2003）。近年来人们开始认识到地幔对流与相变超塑性有密切关系，而地球深部深源地震的形成和突然消失与岩石超塑性之间是否存在内在的联系，同样引人关注。

（1）超塑性的含义

在冶金学中，某些多相细粒合金在相对高温和低应变速率下，拉伸变形的应变量可达到 1000% 以上而不出现颈缩和断裂的现象就叫作超塑性。由于产生超塑性的因素不同，可以将超塑性分为结构超塑性和相变超塑性两类。

① 结构超塑性

结构超塑性是指在特定的显微构造和变形条件下所表现出的超塑性变形行为。产生这种超塑性的基本条件：一是必须是在高温（$T/T_m \geqslant 0.5$，T_m 为熔融温度）条件下进行的；二是具有极细的等轴晶粒（$\leqslant 10\ \mu m$）。晶粒粒度越小，则超塑性开始的下限应变速率越高，越容易发生。同时，晶粒大小必须稳定，即在高温变形过程中不出现晶粒生长现象。

Gilotti 等（1990）认为天然岩石的超塑性变形可以定义为连续的均匀变形，导致了很大的变形量，所以连续变形是定义的基础。然而其他学者认为 Gilotti 等的定义淡化了对超塑性的限制，因为变形的连续与否取决于观察尺度的大小，而且 Gilotti 等对应变量的下限没有明确的规定。

② 相变超塑性

相变超塑性是一种不连续变形的现象。尽管结构超塑性和相变超塑性都可以引起强烈的拉长而不出现颈缩，但在物理学上它们是不相同的。当晶体在应力作用下，温度在相变点上下反复波动，诱发晶体发生反复的相变。每次通过相变点时，在外施应力的方向上均出现变形量的增大，而与相变的方向无关。经过多次这样的相变之后，变形增量累积成很大的变形量，宏观上就表现为强烈的拉长现象。

（2）天然岩石超塑性显微构造特征

冶金物理学和材料学对结构超塑性的研究表明超塑性变形后的显微构造具有以下基本特征（金泉林，1995）：晶粒本身并不变形，看不到晶粒被拉长的现象；晶粒内部看不到滑移线，但发生了显著的晶界滑移和晶粒旋转；晶内很难见到位错，位错密度不高；晶内没有发育明显的组构。然而岩石在发生超塑性变形时，并不是只有一种变形机制独立起作用，更不仅仅只有纯粹的拉伸变形。

超塑性变形是位错蠕变和晶粒边界滑移相互竞争的结果（图 4 - 11）。虽然晶粒边界滑移占主导地位，但它并不是独立发生的，因为晶粒边界的物质迁移具有明显的优选方位，即平行于压扁轴轴向，这说明同时发生着晶质塑性流变。超塑性蠕变的应力-应变曲线如图 4 - 12 所示。

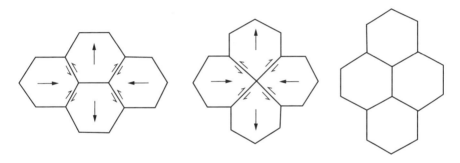

图 4 - 11　颗粒边界滑动及其效应示意图（Ashby and Verrall，1973）

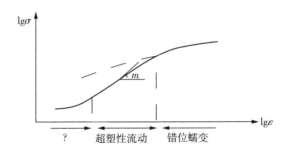

图 4 - 12　超塑性蠕变的应力-应变曲线（引自 Poirier，1985）

罗震宇等（2003）曾系统地总结了地壳及地幔条件下岩石超塑性变形的显微构造特征，为大家认识超塑性变形岩石提供了基本方法。

① 地壳岩石中的超塑性变形

灰岩是上地壳分布较广的岩石之一。Schmid 等（1977）在对 Solnhofen 灰岩进行高温、低应变速率变形实验时发现，当 T 为 600℃～900℃ 时，$n≈1.7$ 时（n

为应力指数，与应变速率灵敏度 m 互为倒数，即 $n=1/m$），灰岩发生超塑性变形，变形区域中的颗粒呈近等轴状，大小在 $4\ \mu m$ 左右，颗粒表面平直，双晶非常少见，晶格优选方位差，而颗粒的多边形结构则肯定了晶粒边界迁移的存在。这种变形方式对野外常见的灰岩的流动褶皱和揉皱的形成有重要制约作用。在国内外都有典型的现象：我国大冶铁山下三叠统大理岩中见到的塑性流变褶皱，就是由于大理岩受到燕山期岩体热动力作用而形成的超塑性变形的典型例子（罗震宇等，2003）。在美国新泽西的伟晶岩脉中也发现了相同的现象（图 4-13），伟晶岩脉垂直线理的缩短应变 ε 为 $-2.0\sim-3.0$（Gilotti 等，1990）。

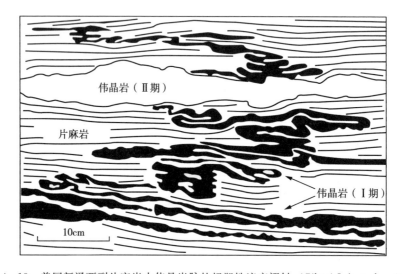

图 4-13　美国新泽西副片麻岩中伟晶岩脉的超塑性流变褶皱（Gilotti J A et al.，1990）

中下地壳岩石以长英质为主，但中高级岩石中的重结晶作用，使得恢复颗粒先存的显微构造非常困难。Behrmann 等（1985）通过对细粒条带状长英质糜棱岩显微构造和晶格优选方位（CPO）的研究，证明长英质糜棱岩中存在着超塑性变形现象：一是糜棱岩由等量的石英、钾长石和斜长石组成；二是石英分为粗粒和细粒两种，粗粒石英呈等轴状或近等轴状，直径为 $40\sim100\ \mu m$，组成 $0.1\sim2\ mm$ 厚的不连续条带，这些条带因被细粒的等轴状石英（直径小于 $10\ \mu m$）和长石组成的连续细带分割而不连续；三是细粒石英无明显的晶格优选方位（罗震宇等，2003）。

② 地幔岩石中的超塑性变形

由于上地幔岩石出露地表较少，对上地幔岩石超塑性的报道多来自上地幔捕房体和室内实验研究。Boullier 等（1975）在研究来源于上地幔 200 km 的南非 Lesotho 地区的橄榄岩包裹体时发现了天然岩石的超塑性证据：第一，矿物颗粒细小，岩石主要成分为二相集合体，由 65% 的橄榄石和 28% 的斜方辉石组成，而仅含 3.5％的单斜辉石和 3.5％的石榴子石，橄榄石重结晶颗粒的平均粒径约为 0.07 mm，斜方辉石重结晶颗粒的平均粒径小于 10 μm；第二，细粒的斜方辉石中无位错核；第三，虽然斑晶具有优选方位，但作为基质的斜方辉石重结晶颗粒却基本上无组构发育；第四，岩石发生强烈的拉伸变形，其拉伸比例高达840％（罗震宇等，2003）。因此，Boullier 等（1975）认为上地幔岩石的结构超塑性具有以下六大特征：一是在高温（$T/T_m \geqslant 0.5$）条件下进行的；二是晶粒很小且晶粒大小稳定；三是应力和应变速率不能太大；四是晶粒自身不被拉长，晶格的优选方位差；五是位错密度适中，无位错核形成；六是应变速率灵敏度高（$m > 0.3$，m 为应变速率灵敏度）（图 4-12）。Sammis 等（1974）曾报道在上地幔 400 km 的橄榄石—尖晶石转化带边界可能发生相变超塑性，同样由于下地幔的岩石和构造无法被直接观测，人们对下地幔超塑性的了解大部分来自地球物理的间接推测和室内变形实验（罗震宇等，2003）。

因此，目前对下地幔岩石超塑性的显微构造特征还不甚清楚。罗震宇等（2003）总结了前人实验研究的成果，认为地幔岩石中超塑性变形特征主要有以下两个方面：

a. 矿物晶格优选方位差

Karato 等（1995）用 $CaTiO_3$ 型钙钛矿代替下地幔的主要矿物$(Mg, Fe)SiO_3$ 进行高温、高压实验，结果显示单矿物具有明显各向异性的钙钛矿集合体，整体却显示出各向同性，这表明岩石中钙钛矿的组构不发育，晶格优选方位差。

b. 矿物颗粒非常细小

Green（1994）在研究深源地震的机制时，发现来自下地幔的橄榄岩内部具有超塑性变形现象，并形成一系列透镜状的反向裂隙，这种裂隙是由极细粒的尖晶石颗粒（颗粒直径约为 0.01 μm）填充所形成的。

在天然岩石中要分辨超塑性变形是不容易的。主要原因是：超塑性本身不是变形机制，也不具有某种特定的变形机制特征。金属中的超塑性基本上是蠕变作用，这同样可以应用于天然岩石变形过程中的超塑性。所以，显微构造的特征（诸如受到过超塑性变形的天然变形石英中的变形条带、亚颗粒、位错亚构造等）只表明是蠕变型的变形。很细的粒度不一定是自然界超塑性的先决条件，也不是超塑性变形发生的唯一条件。但是，由等轴粒状颗粒（它至少组成了整个基质部分）组成的显微构造的存在，在整个大应变期间都可能是自然界超塑性的最好的指示标志（罗震宇等，2003）。

（3）影响岩石超塑性变形的因素

各种变形机制都受到应力、颗粒大小、温度和压力等方面的影响。由于超塑性变形不是一种简单的变形机制，而是多种机制相互竞争、相互制约的结果，所以它具有特殊性。由于天然岩石的变形物理条件和变形形态比冶金学和室内实验要复杂得多。因此，影响岩石超塑性变形的因素也就更多。以下是罗震宇等（2003）总结的几个主要的影响因素。

① 颗粒大小

一般的变形机制与颗粒大小的关系并不大，而超塑性变形却强烈地依赖于变形中颗粒的大小。在冶金学和室内岩石实验中通常要求颗粒粒径小于 $10~\mu m$。Ito 等（1991）指出当应变速率固定时，流动应力对颗粒大小将非常敏感，若颗粒粒径小于 $10~\mu m$，$T=0.54T_m$，$\varepsilon=10^{-10}~s^{-1}$ 时，流动应力只需 0.3 MPa。然而由于天然岩石中的变形条件相当复杂，地质环境下的超塑性变形和室内实验中的不一样，特别是地质条件下的应变速率常为 $10^{-14}\sim10^{-10}~s^{-1}$，故发生超塑性变形的颗粒粒径可达几十微米，有时甚至达上百微米。Green（1994）在解释深源地震（震源深度大于 300 km）时，将地震的发生归因于结构超塑性变形条件下沿断裂发生的突然滑移，这时岩石的变形速率甚至可能达到 $100~s^{-1}$，超塑性变形的颗粒粒径为 $0.01~\mu m$ 左右。

② 温度

温度的升高能大幅度地降低晶内塑性强度和硬化系数，从而减少未变形的区域。在金属学上，Edington 等观察到温度上升，应变速率也将上升。该现象在岩石中也被观察到。然而 Gilotti 等（1990）指出如果温度过高，物质扩散速率将上升，晶界物质迁移和晶粒生长速率也将上升，晶粒的灾难性生长最终必将导致超塑性变形的失败。

③ 压力

沿晶界形成的空洞是晶界滑移的结果，而空洞与空洞之间的相连容易导致超塑性材料的断裂。Gilotti 等（1990）指出压力的上升有利于降低空洞化的形成速率，但是这又将降低物质的扩散速率，从而降低应变速率，这两方面的矛盾就给超塑性变形带来了一定的不确定性。但从总体看，有限度的压力上升将提高超塑性。

（4）超塑性变形的地球动力学意义

超塑性变形是地球动力学研究的重要内容，对其深入研究对地球动力学的发展具有重要意义。以下是罗震宇等（2003）总结的几个重要作用和意义：

① 对下地壳深地震强反射体的制约作用

超塑性变形是糜棱岩形成的一种重要原因，是动态重结晶使岩石细粒化后的进一步塑性变形的结果。在瑞士阿尔卑斯 Helvetic 推覆体根带中发现的钙质糜棱岩，其应变量 x/z 可高达 100（即岩石变形量可达 1000%），但各晶粒本身只有轻微的拉长，而且没有或很少有亚颗粒和双晶化等晶内变形的现象，也没有明显的矿物晶格优选方位。Boullier 等（1975）在研究上地幔橄榄岩捕房体时提出了超塑性糜棱岩的定义。他们根据糜棱岩变形时的塑性流变状态将糜棱岩划分为Ⅰ型和Ⅱ型两种。Ⅰ型糜棱岩指一般概念下的低温（相对于 T_m）高应变糜棱岩，相同条件下石英较长石更易重结晶，故而石英等颗粒形成细粒重结晶颗粒，而长石等颗粒则形成眼球状斑晶；Ⅱ型糜棱岩又称超塑性糜棱岩（Sp 糜棱岩），指在高温、低应变速率下形成的糜棱岩。与Ⅰ型糜棱岩不同的是长石和橄榄石等不易重结晶的颗粒在此条件下也发生重结晶现象，形成极细的颗粒（10 μm），当大量的细粒重结晶颗粒形成时，超塑性现象便在这些颗粒之间产生，并形成可被观察到的细条带。Boullier 和 Gueguen 指出在相同的中等应力下，超塑性变形的应变速率要比一般的塑性变形快，这就导致 Sp 糜棱岩能在更短的时间内获得更大的变形。

　　而发生在下地壳内部韧性剪切带应变高度集中区域的超塑性变形现象使极细的颗粒发生晶界滑移作用，从而湮灭了由早期位错蠕变所形成的晶格组构，这样在超塑性糜棱岩内部不出现地震波速各向异性。位于强组构区（塑性变形）和任意组构区（超塑性变形）之间的水平界面势必成为良好的地震波反射体。Sp 糜棱岩的提出拓展了人们对糜棱岩的了解，它对合理解释下地壳莫霍面附近深地震强反射体的成因有着重要的启示意义。

　　② 对上地幔的作用

　　超塑性变形可以弱化地幔流变强度，了解地幔流变强度可用来计算板块的运动和地幔的对流。Panasyuk 等（1998）利用建立的固-固相变线的上地幔相变超塑性模式，计算了地下 400 km 和 670 km 深处相变刚开始时发生的地幔软化程度。根据幂律流变学（应力指数 $n=3$），在 400 km 深处地幔黏度在 1.5 km 内下降了 1～2 个数量级，而在 670 km 深处地幔黏度在 1 km 内下降了 2～3 个数量级。这一预测同区域地震层析剖面描绘的俯冲板片的复杂形态是一致的。在上地幔转化带中，岩石圈冷板片俯冲至地幔，在经过冷板片和上地幔的相平衡曲线时，冷板片由低压相向高压相转变，发生相变超塑性。上地幔中的 K、Sr 和 Ba 等不相容元素从高压相扩散进入低压相，使这些元素在低压相中富集。这也就是在来自上地幔的碱性玄武岩、金伯利岩和碳酸岩中这些元素含量非常高的缘故（图 4-13）。

　　③ 影响地幔深源地震的形成和产生

　　据统计，深源地震占全球地震的 8%，它发生在地球深部 300 km 以下。全球地震学资料表明深源地震常发生在岩石圈冷板片开始插入大洋海沟之下并俯冲至地幔时，而在地幔转化带下（约 700 km 深处）地震突然完全消失。以中国东

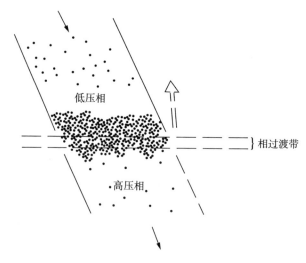

低压相

相过渡带

·高压相

图 4-14　冷板片俯冲于上地幔之下的元素化学分异示意图（Allison Ⅰ et al.，1979）

北部和汤加海沟为例，自 1995 年 6 月以来，中国东北部发生了 3 次深源地震，震源深度分别为 525 km、558 km 和 578 km；汤加海沟附近地区发生了 5 次深源地震，震源深度分别为 552 km、584 km、625 km、524 km 和 592 km。深源地震的成因是什么？它为什么会在 700 km 处突然消失呢？部分地质学家研究认为它们与岩石的超塑性有密切关系。Stiller 等（1986）认为岩石圈冷板片俯冲至上地幔时，由低压相向高压相转变，在相变过程中矿物变得异常塑性并沿平行于相变曲线的方向发生强烈变形，即发生相变超塑性，导致冷板片弯曲并发生突然的滑移，释放出能量，从而引发深源地震。

　　Karato 等（1995）和 Ito 等（1991）从高温、高压实验学角度对深源地震突然消失的现象进行了探讨。下地幔主要由（Mg，Fe）SiO₃ 型钙钛矿组成，单矿物钙钛矿具有显著的各向异性。Karato 等（1995）以替代矿物 CaTiO₃ 型钙钛矿进行了高温实验，结果却显示出各向同性。这说明由于超塑性变形行为的发生，岩石中钙钛矿的组构不发育，晶格优选方位差，地震波在整体上呈各向同性。Ito 等（1991）提出在地幔 700 km 以下，由于冷板片俯冲至下地幔，矿物组合由橄榄石相变为亚稳态尖晶石，再变为尖晶石，最后分解为钙钛矿和镁方铁矿，达到超塑性发生的条件。在形成大范围的超塑性区域后，由于它所承受的应力小于 1 MPa，因而不能储存弹性能量，从而在 700 km 深度以下的下地幔不能观察到地震波，即造成下地幔的无震性。然而我们应该认识到深源地震的发生和消失并不是相互独立的，一个模式应该既能解释深源地震的发生也能解释深源地震的突然消失。上面所提到的两种模式，前者只解释了深源地震的成因却无法列出其消失的有利依据，后者只注重下地幔的无震性却忽略了对成因的解释。Green

（1994）认为当岩石圈冷板片俯冲至上地幔时，随着深度和温度的增加，上地幔含量最丰富的矿物橄榄石开始向尖晶石的相变反应，由于俯冲板片的温度较低，尖晶石结构可以在略高或略低于正常压力的状态下保持稳定，即尖晶石从300 km到700 km的深度范围内都是处于亚稳态的，这正是深源地震发生的区域。在压应力作用下岩石中形成一系列透镜体状的反向裂隙（anticrack failure），这种裂隙由极细粒的尖晶石颗粒（颗粒直径约10^{-5} mm）填充形成，并且其长轴方向垂直于压应力。

在持续压应力的作用下，这些反向裂隙彼此相连形成断裂。由于尖晶石集合体颗粒很小，岩石在局部上就失去了它的流动强度，断裂内部发生结构超塑性变形并产生突然的滑移（应变速率约10 s^{-1}），释放能量波，从而诱发了深源地震。在700 km深度以下，尖晶石结构已不再稳定，分解为钙钛矿和氧化物。这一分解反应不同于橄榄石向尖晶石的相变反应，后者为放热反应，易引发断裂的不稳定性；而前者为吸热反应，有利于保持断裂的稳定性。这样就导致在下地幔转化带以下地震突然消失。

天然岩石的超塑性变形现象可以出现在从上地壳到下地幔的不同深度，甚至出现在相对较低温度下，它是过去没有引起人们注意或者说尚未被人们完全认识的一种重要岩石变形现象。因此，今后对岩石超塑性的研究应注重以下几个方面：第一，加强对下地幔超塑性的研究，并重视水和熔体对超塑性的影响；第二，应深入研究结构超塑性和相变超塑性之间是否存在着内在的联系；第三，应深入研究糜棱岩，这可能有助于进一步了解超塑性的形成机制；第四，要进一步研究岩石扩散蠕变与岩石超塑性变形的差异及转化关系；第五，深入探索岩石超塑性变形在大陆动力学和地球深部物质动力学中所起的作用。

对于颗粒边界滑动及超塑性变形，人们也做了一定的研究。多相细粒岩石中可作为颗粒边界滑动的显微构造的标准包括：菱形或矩形颗粒形状，颗粒和相边界连续分布达几个颗粒直径，缀饰有不对称孔隙的颗粒和相边界，可与平衡亚颗粒大小相比或比其小的颗粒粒度，产生的任何结晶优选方位（CPO）都很弱。而超塑性的典型特征则是颗粒即使发生了很大的应变仍保持近似等轴状，并且在实验中超塑性需要很小的颗粒粒度（通常小于10 μm）。

发生超塑性流动变形的岩石与其他变形岩石相比，具有独特的显微构造特征：一是虽然岩石变形量可能相当显著，但晶粒本身并不变形，不像位错蠕变和晶内滑移作用引起的变形那样，晶粒被拉长；二是一般不存在位错蠕变所特有的晶粒多边化亚构造。这些特征就把超塑性流动与其他机制区分开来了。超塑性流动引起的整体变形主要是由晶粒边界处的滑移和晶粒旋转实现的。Ashby和Verrall（1973）提出了超塑性流动变形的模型，他们认为：晶粒在无明显拉长的情况下相互间滑动，并使临近的晶粒移位。由于晶粒的相对转移引起了应变，于是沿着一个方向晶粒数目增加，而沿着与其垂直的另一个方向晶粒数目减少。这一模型与实验结果有很好的一致性。

3. 晶质塑性变形

岩石晶质塑性变形是通过其组成矿物晶体内部晶格结构调整或晶内变形来实现的，是由矿物晶体内位错的运动、增殖与组织而完成的。晶质塑性变形主要表现为：位错滑移、位错攀移、动态恢复、动态重结晶作用等方式，详见 3.1.2节。塑性变形的机制和过程主要表现为：

① 低温变形机制（指温度小于 1/3 熔点）。主要为滑移、扭折、双晶和解理等。

② 高温塑性变形机制。在高温时，扩散作用非常强烈，出现了新的变形机制，如位错攀移、体扩散和表面扩散，扩大了晶内运动的范围，开始了强度更高的均匀岩石的变形。

4. 扩散蠕变

扩散蠕变是一种通过扩散物质的转移而达到颗粒形态改变的作用，它分为高温扩散蠕变和低温扩散蠕变。高温扩散蠕变又包括晶内扩散蠕变（即 Nabarro - Herring 蠕变）和颗粒边界扩散蠕变（即 Coble 蠕变）。低温扩散蠕变指的是压溶蠕变（在材料科学中又称为溶解-沉淀蠕变）。过去，人们对低温扩散蠕变进行了大量的研究。近年来人们开始注意对高温扩散蠕变的研究。通过高温高压实验查明了扩散蠕变机制及其影响因素 $[T, p, \varepsilon, \sigma, f_{(O2)}]$，从而建立了不同岩石的塑性本构方程：

$$\varepsilon = A \exp (-Q/RT) \sigma^n d^{-m}$$

式中：ε 为应变速率；A 为物质常数；Q 为蠕变激活能；R 为气体常数；T 为绝对温度；σ 为差异应力；n 为应力指数；d 为颗粒大小；m 为颗粒指数。应力指数 n 值描述了应变速率对应力的灵敏度：扩散蠕变 $n=1$，位错蠕变 n 为 3~5。m 值则反映了应变速率对颗粒大小的灵敏度：位错蠕变 $m=0$；晶内扩散蠕变 $m=2$；颗粒边界扩散蠕变 $m=3$ (Karato et al., 1993)。

在冶金学上，Nabarro 最早提出物质的扩散迁移是一种可能的流动律，认为整个晶格是扩散路径，并推导了应力与应变速率关系的线性流动律。颗粒边界作为可能性的扩散路径由 Coble 和 Lifshits 最先提出。在晶内扩散蠕变中，空位通过晶粒的两个边界之间的区域而扩散；在颗粒边界扩散蠕变中，扩散沿着晶粒边界发生，蠕变速率不受穿过晶格的扩散所控制，而是受沿着晶粒边界的扩散所控制（王永峰等，2001）。

（1）扩散蠕变的类型

压溶作用最初用来解释岩石中的变质分异作用，它是上地壳从成岩到低级变质环境（200℃～400℃）最常见的一种岩石变形机制。压溶蠕变是一种体积搬运过程。体积局部地从遭受差异压应力的表面搬运到遭受差异拉张应力的表面，或者沿着压力梯度从地壳的一个地区搬运到另一个地区。前一个过程非常类似于颗粒边界扩散（Coble）蠕变，二者不同之处在于压溶蠕变可以在比颗粒边界扩散蠕变相对低很多的温度下发生。

扩散物质迁移，是指岩石的变形主要是通过岩石内部质点的扩散迁移而引起的，其分为有无流体参与的溶解蠕变和固态扩散物质迁移两种。

① 溶解蠕变

溶解蠕变也称为压溶作用，是在极低温下物质扩散迁移的主要过程。在变形过程中，当有流体（主要是 H_2O 和 CO_2）存在时，岩石中处于高应力部位的可溶性物质（如石英、方解石）被溶解，通过间隙流体扩散穿过晶粒边界薄膜，转移到应力低的晶粒边界重新沉淀下来，这一过程可以归纳为压溶、溶移、再沉淀三个部分（图 4 - 15）。

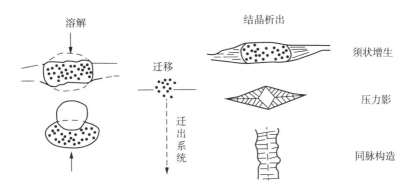

图 4 - 15　压溶作用与物质迁移及结晶沉淀示意图（朱志澄，1999）

溶解可以发生在可溶性矿物晶粒处于高应力的两边，经过溶移而在此晶粒处于低应力的另一边沉淀下来，这种再沉淀的过程就是在原有晶粒基础上的次生加大现象。沉淀的新生矿物颗粒可以与被溶解矿物的成分一致或不一致。

物质的扩散迁移过程主要受应力梯度引起的化学势所制约，其实质是应力形成了化学浓度梯度，在浓度梯度的驱使下，易溶物质溶解、迁移及再沉淀，最终形成各种压溶构造。

这一作用的结果改变了晶粒的形态，形状为椭圆形，并且长轴具有定向排列形式，在次生边缘清晰可见时，便成为一种压力影构造。另外，随着压溶的不断进行，可溶性物质不断分异富集，形成局部集中的条带（赵中岩，1985）。

压溶是岩石变形，特别是在浅部地壳层次的岩石变形的重要机制，多发生在温度、应力及应变速率较低的条件下。另外，对于岩石来说，除矿物的溶解度外，岩石的粒度对压溶作用也有直接的影响。一般粒度越细越有利于压溶作用的产生，岩石中片状矿物的存在也可促进压溶作用的发育，流体也是促进压溶作用的重要因素。流体不仅可以软化岩石和矿物，还可以作为溶剂促使矿物的溶解和迁移。

② 固态扩散物质迁移

固态扩散物质迁移是没有流体参与的固态物质扩散，分为两种类型：Coble 扩散蠕变和 Nabarro – Herring 扩散蠕变。

晶粒边界的缺陷要发生扩散所需要的激活能只有晶格扩散激活能的一半，因而在较低温的范围内，尤其是在流体溶液存在的情况下，晶粒边界扩散或 Coble 蠕变具有较重要的意义。其实压溶作用也是晶粒边界扩散的过程，其实质也就是 Coble 蠕变；二者的区别是压溶作用过程有流体的参与。

在较高温度下，晶粒边界扩散与晶格扩散同时起作用。低温条件下的固体扩散是非常有限的，当变形温度较高时，变形岩石中的矿物可以通过空穴沿着晶格发生迁移而变形，这一过程就是高温固态物质迁移。高温固态扩散物质迁移通常在角闪岩相或高于角闪岩相变质作用条件下进行。

固态扩散的出现与化学势能梯度有关，而化学势能梯度是由正应力、晶体的内部应变能及颗粒边界结构的差异产生的。固态扩散物质迁移作用对矿物颗粒粒度的变化非常敏感。由于扩散作用不可能通过很远的距离，因此通常只在细小颗粒矿物的岩石中发育。Ter Heege 等（2004）提出固态扩散物质迁移对岩石的矿物颗粒形态反应敏感，矿物之间呈不平衡的大面积接触时更有利于固态扩散物质迁移的进行。

有无晶内变形特征颗粒构成的矿物形态组构是高级变质岩石的一种重要显微构造。岩石中的矿物形态组构可由各向异性的晶体通过颗粒边界迁移重结晶和各向异性的晶体生长产生，尽管颗粒边界迁移重结晶机制的细节目前还不清楚，但这两个过程都是重要的高温扩散物质迁移机制。

（2）影响岩石扩散蠕变的因素

影响岩石扩散蠕变的因素有很多，王永峰等（2001）对主要因素进行了总结，主要因素如下：

① 颗粒大小

在橄榄石集合体和方解石集合体的变形实验中发现，颗粒粒度的减小导致位错蠕变向扩散蠕变转化，显微构造从具有高位错密度和发育很好亚颗粒的、扁平的、内部发生变形的颗粒变为具有低位错密度的、等轴状的、无应变的颗粒。

② 水和熔体

集合体中流体的含量及流体分布的性质对变形机制、流变学等有重要的影响，主要表现如下：第一，流体可以有效缩短扩散路径，提高应变速率。Cooper 等（1984）发现熔体能在不改变应力指数、活化能或颗粒大小相关性的前提下提高蠕变速率达 2～5 倍。他们提出，沿着三连点通道分布的熔体能有效缩短干的颗粒边界扩散路径并提供迅速扩散的通道。Dell'Angelo 等（1987）的实验也获得类似结论。第二，流体可以造成流变学机制的转变。Tullis 等实验证明干的粗粒样品显示介于碎裂流动和位错蠕变转变的变形行为。但是，湿润的、2～10 μm 粒径的样品具有明显扩散蠕变的证据。因此随着温度的升高，湿的细粒集合体经历了从碎裂流动到扩散蠕变的直接转变而绕过了位错蠕变。第三，流体的分布形式直接影响变形速率。熔体（流体）的湿润角（两面角）制约着熔体（流体）的内部连通性，即熔体拓扑结构（melttopology），从而影响熔体（流体）能否完全沿颗粒边界分布，并对流变强度有明显的制约作用。一般只有当湿润角 $\theta \leqslant 30°$ 时，熔体在矿物颗粒中的分布具有最佳连通性。Dimanov 等（1998）对拉长岩扩散蠕变的实验表明，应变速率随熔体比例增加到 $V_B = 12\%$ 时而稳定增加，但这种增加量相对于 Hirth 等从部分熔融橄榄石集合体中所观察到的要小得多。与之相比，拉长岩中熔体即使在熔体比例达到 12% 时也没有湿润颗粒边界，而且大都形成较大的湿润角（$\theta > 60°$）。

③ 应变速率

应变速率的降低会有利于扩散蠕变。Tullis 等（1991）在 900℃，2×10^{-6} s^{-1} 条件下对 $w(H_2O) = 0.2\%$ 样品进行了变形实验。结果发现，这个样品显示出与在同样温度、2×10^{-5} s^{-1} 条件下，$w(H_2O) = 0.9\%$ 的样品中所观察到的一样的显微构造：直角形的拐角、非常低的位错密度、开放的颗粒边界和颗粒三连点处的孔隙。因此，即使在含水量减少（含水量为 0.2% 相对于含水量为 0.9%）的情况下，应变速率减少一个数量级也会增加扩散蠕变的影响。

④ 压力

压力在样品的结构平衡发展中作用不明显，它可以通过增加固体在液相中的溶解度来增加扩散运动学，也可以通过增加扩散激活能来降低扩散系数。根据 Karato（1998）的研究，高压通过压力导致的相转变对塑性变形机制产生影响。如 Green 等（1989）提出一种与发生在 Mg_2GeO_4 中的反向断裂（anticrack）相伴的颗粒大小敏感的流动机制（即扩散蠕变），同时伴有从橄榄石到尖晶石的结构转变。

（3）扩散蠕变地质应用意义

前人根据实验和地球物理研究以及地质观察提出了扩散蠕变和位错蠕变之间的转变可能发生在上地幔的假设。也即热的、浅部上地幔以位错蠕变形式流动，而冷的、浅部或深部上地幔可能以扩散蠕变形式流动。Karato 等（1998）认为，正是这种流变机制的转变和由此诱导的力学性质不连续界面决定了上地幔的流变特性，并对其动力学过程产生重大影响。就目前研究现状而言，流变机制转变导致流变强度弱化在地质上的意义主要有：①大陆裂谷作用。过去的岩石圈扩张模型一般认为大陆岩石圈在冷条件下是非常强硬的。Hopper 等（1996）在假定岩石圈扩张驱动力为恒定的前提下，推测在大陆断陷的初始阶段，颗粒粒度减小和扩散蠕变机制对岩石圈强度有重要的影响。考虑到上地幔中橄榄石扩散蠕变的结果，他们认为大陆岩石圈可能要比先前的模型所揭示的要软弱得多，大陆断陷发生在较低的应力和温度条件下。②大陆碰撞带。Karato 提出大陆板块碰撞中岩石圈变形亦受上地幔流变弱化的影响。浅部上地幔中的流变学转变发生在低温下，并只有当应力很高时才能造成显著的影响。在碰撞带应力特别高（≥100 MPa），颗粒粒度的减小促进了浅部上地幔中的扩散蠕变。因此，流变学机制转变导致的流变弱化对碰撞大陆岩石圈的变形也会产生显著影响。③地壳中韧性剪切带应变局限化，在中至下地壳中韧性剪切带以显著的颗粒减小为特征，而且环境中通常存在可以湿润颗粒边界的流体量（<1%），这些条件都为细粒长石带由碎裂流动或位错蠕变向扩散蠕变转变创造了重要的先决条件，有助于解释韧性剪切带中应变局限化的加强（王永峰等，2001）。

单一的扩散蠕变机制也具有重要的地质意义，它有助于解释以下两个地质问题（王永峰等，2001）。

① 俯冲板片的流动强度。俯冲洋壳首先在 50～400 km 深度转变为榴辉岩，然后在转换带转变为石榴石岩。如果石榴石岩为扩散蠕变变形，由于它比俯冲板片中心部分软弱得多而不能成为地幔对流的障碍，或在 660 km 不连续面附近造成很高的地震活动。但是如果石榴石岩为位错蠕变变形，由软弱层分开的两个强硬层会在 660 km 不连续面发生拆沉作用。进一步研究石榴石岩中位错和扩散蠕变之间转变的约束条件对理解地震的分布、流变学分层和俯冲岩石圈的动力学过程至关重要。Wang 等（2000）的蠕变实验证实了石榴石岩的扩散蠕变状态。从而，石榴石岩在扩散蠕变状态下的低流动强度对俯冲板片的流动强度和在 660 km 不连续面的流变学性质具有潜在的重要意义。

② 下地幔上部的流变学弱化。Karato 等（1993）根据钙钛矿结构相转变产生的蠕变加强结果推论，由于尖晶石相转变为钙钛矿＋镁方铁矿，相对较小的颗粒粒度可能出现在接近下地幔中俯冲板片的主要边缘，从而使扩散蠕变在下地幔发生的可能性大大增加，尤其是在俯冲板片主要边缘附近。俯冲板片在穿入下地幔时，由于颗粒粒度减小也会变软弱，因此在下地幔上部会出现流变学上的软弱层。

5. 扩散蠕变与位错蠕变、超塑性变形的关系

固态岩石产生塑性变形的三大因素：扩散蠕变与位错蠕变、超塑性变形常常

是密不可分、互相促进的，天然及实验变形岩石的变形机制往往不是单一出现的，一般情况下是一种或同时几种变形机制占主导地位，其他变形机制起辅助协调变形的作用。

超塑性变形并不是一种单一出现的变形机制。它是晶粒边界滑移和位错蠕变共同作用的结果。Behrmann 等在研究细粒条带状长英质糜棱岩时发现晶质塑性和超塑性往往是层层相间的，Schmid 等在对 Solnhofen 灰岩的研究中也发现了类似现象。如 Ashby 等（1973）提到，多晶物质可以通过颗粒边界滑动和扩散调节达到很大的应变量，他们根据模型推导得出当多晶物质在温度大于 $0.3T_m$（T_m 熔融温度）时，一种可能的流动模式不是单一的，他们称之为"扩散调节的流动"，而且这种机制和位错蠕变叠加可以解释超塑性流动变形中的许多现象。岩石超塑性的典型应力和应变速率对数曲线如图 4 - 16 所示。

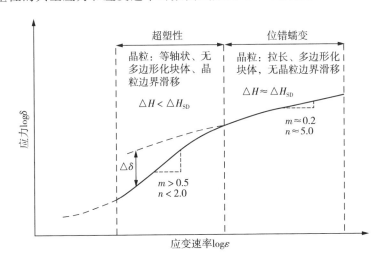

m—应变速率灵敏度；n—应力指数；$\Delta\delta$—差异应力；ΔH—熔；ΔH_{SD}—扩散激活熔直径大小。

图 4 - 16　岩石超塑性的典型应力和应变速率对数曲线

另外，上述这三种变形机制之间是相互促进的。位错蠕变通过动态重结晶作用而使颗粒粒度减小，从而有利于扩散蠕变。而扩散蠕变则通过物质的扩散对位错蠕变及超塑性变形中产生的应变不协调性进行调节。Behrmann 等对细粒带状石英-长石糜棱岩的研究发现，在整个样品中细粒域以超塑性流动的同时，产生的应变不协调由长石的边界扩散来调节。特别是两种长石碎斑晶周围压力影中钾长石的主导地位表明，钾长石的同构造边界扩散必定是校正变形岩石中应变不协调性的最有效的、最快的机制。细粒条带中石英和斜长石之间的碱性长石薄膜也表明了同样的结论。

Ashby 和 Verall 指出晶界扩散作用对于超塑性变形行为的调节起着很大的作

用，这与 Allison 等在研究长石晶体化学变化时的相变超塑性得到的结论是一致的。在不同的物理条件和物质参数下，岩石变形的机制不一样，而岩石均质程度的不同也将对变形的机制产生影响，Gillotti 对天然岩石中的变形机制，从脆性、塑性到超塑性之间的联系和区别进行了很好的概括总结（图 4-17）。变形机制作用条件简图如图 4-18 所示。

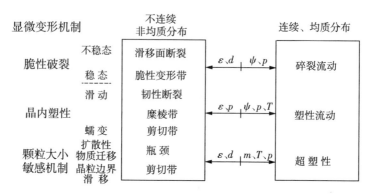

p—压力；T—温度；m—应变速率灵敏度；d 为颗粒；ε—岩石变量；

Ψ—加工硬化相关系数，沿箭头方向变形参数值增加。

图 4-17　三种显微变形机制下变形参数对岩石流动状态的影响（Gilotti et al.，1990）

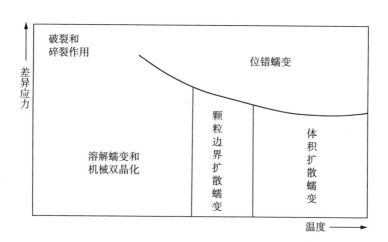

图 4-18　变形机制作用条件简图（Davis and Remolds，1996）

4.2.3　脆性和韧性变形间的转化及矿物的塑性变形序列

由 3.1 节矿物晶体的变形及显微构造可知，矿物的变形分为脆性和塑性变形两种，它们的变形特征、变形机制明显不同。脆性变形主要是显微破裂作用形成的，脆性变形时，微破裂在局部非常集中，造成局部的应力很大，以致由于内聚力破坏而形成发育明显的不连续面。塑性变形主要是晶内滑移、蠕变和物质扩散等作用的结果。塑性变形时，在晶体内的应变是连续渐变的，变形趋于均匀化、稳定化。由于岩石由多种矿物组成，当岩石处于某种环境下时，这两者的变形并非截然不同的，组成岩石的矿物在同一环境下的变形特征却明显不同。例如，组成岩石的一些矿物已经产生了明显的塑性变形，而另一些矿物还处在脆性变形范围，致使岩石介于脆—韧性变形之间的过渡状态。

　　1. 岩石的脆—韧性转换变形机制及矿物的塑性变形序列

　　众所周知，随着深度（温度和压力）增加，岩石从脆性破裂向塑性流动转化，这种转化对地质和地球物理问题研究具有重要意义。不同层次岩石的变形通常可划归为脆性变形、韧性变形及两者的过渡变形。过渡区域的岩石在变形过程中表现出两相兼有的变形行为，即出现脆性和韧性两相变形并存的现象，说明此区域的矿物由脆性变形向塑性变形转换。关于韧性剪切过程中岩石变形的机制，无论是岩石剪切变形试验还是天然韧性剪切带变形岩石的研究都已取得较好的成果。

　　通过透射电镜观察发现，矿物的变形除了因破裂引起的物质整体运移外，还可以通过晶质塑性变形、颗粒边界滑移和扩散物质迁移等机制使矿物发生变形。而且是随着温压的升高，在应变速率恒定的前提下，塑性变形从晶间转向晶内，不同位错蠕变类型和滑移系的形成有着不同的温压条件。这样岩石中一部分矿物已经发生了塑性变形，而另一部分矿物还在进行脆性变形，这就是在同一温压条件下，既有矿物的脆性变形也有塑性变形的原因（Hacker，1990）。岩石变形过程中，在特定的温压范围内就会有一种或一组矿物与之发生响应出现塑性变形，它们就是这一个温压范围的临界塑性变形矿物。随着变形时温压的增加，临界塑性变形矿物就会出现规律性的递进变化，这种变化称为矿物的递进变形序列，也称为矿物塑性变形序列（图 4 - 19，图 4 - 20）。

　　在自然界中，不同温压条件下形成的韧性剪切带都有这种过渡变形现象。如绿片岩相环境下，斜长石（An 含量小于 20）是临界塑性变形矿物；角闪岩相环境下，钾长石和斜长石（An 含量小于 40）是临界塑性变形矿物；角闪麻粒岩相环境下，角闪石是临界塑性变形矿物；麻粒岩相环境下，辉石（包括斜方和单斜辉石类）是临界塑性变形矿物（Smulikowski，2007）。

　　研究表明，矿物递进变形序列中除了与矿物对应外，其相应的变形结构也随之变化。脆—韧性变形转换研究对解决许多学科中的问题都具有重要的意义，因此越来越受到国内外广大地质工作者的重视，岩石变质-变形关系的研究也已经成为人们广泛关注的热点。

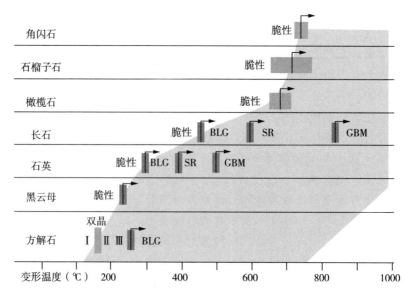

图 4-19 不同矿物变形机制与温度关系图 (Passchier and Trouw，2005)

注：灰色矩形代表过渡区；箭头代表应变速率效应；BLG、SR、GBM 为重结晶主要类型；
浅色区代表晶质塑性变形区。

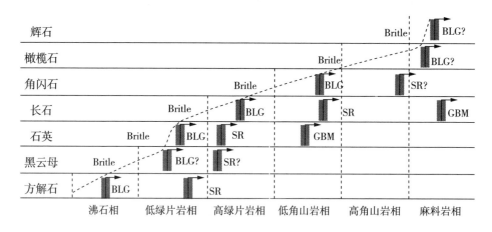

Brittle—脆性变形；BLG—膨凸动态重结晶；
SR—亚颗粒旋转动态重结晶；GBM—颗粒斑晶迁移动态重结晶。

图 4-20 不同矿物动态重结晶机制与变质相关系示意图 (胡玲等，2009)

2. 影响岩石脆—韧性变形转换的因素

前人研究表明影响岩石脆—韧性变形转换的因素很多，主要影响因素有矿物成分、温度、压力、应变速率及流体等。目前对这些因素的作用有了一些初步认识。

（1）矿物成分

如前所述，地壳中不同矿物的塑性变形条件是不同的。因此，岩石中不同矿物在同一变形环境中的变形特征也是不同的。这就可能造成某些矿物承担了大部分的应变，产生的变形强烈一些。如长英质糜棱岩中，大部分的变形是由石英来承担的，石英产生塑性变形；而长石承担的应变较少以显微破裂为主。所以，不同成分的矿物是脆—韧性变形转换的主要因素。

（2）温度和应变速率的影响

实验研究表明岩石中矿物脆—韧性的转换对温度非常敏感，由图 4-19、图 4-20 可见，在不同温度或变质相条件下，临界塑性变形矿物是不同的。由此可见，温度是岩石发生脆—韧性的转换最重要的因素。

（3）压力及应变速率的影响

一般来说，在准脆性域，岩石的强度随压力的升高而增强，而当达到稳态流变应力时，则与压力的依赖关系降低。但有一些例外的现象，即随压力的上升，岩石的强度下降。对于这种情况，一些人推测是水解弱化作用造成的（在较高压力下，水的溶解度上升）。

（4）流体的影响

流体对变形的影响是毋庸置疑的，主要通过两种机制来影响变形：第一种是力学上的，它发生有效压力下降时；第二种是化学方面的效应，表现为花岗岩和长石质岩石中的水解弱化以及由于水作用而发生的脆化作用等。

上述影响因素的作用很复杂，尚有诸多不清之处，还有待进一步的深入研究。

3. 岩石脆—韧性变形转换研究的地质意义

近年来，岩石脆—韧性变形转换方面的研究越来越多，它的重要意义主要有以下几个方面。

① 变形形式研究：应变局部化是天然岩石变形中最显著的特征。在显微、露头和地图尺度上的详细观测，可以揭示出岩石的主要变形机制、方式和条件之间的时空关系。因此，详细地区分一个地区岩石脆性、脆—韧性过渡和韧性变形的不同特征具有重要的意义。

② 岩石圈强度剖面的确定：一些人曾提出评价岩石圈强度的概念性轮廓，并提供了一个定量的剖面（主要根据实验推导的摩擦滑动律和塑性流动律）。但是，许多证据表明岩石由脆性破裂向完全韧性变形转换不是突变的，而是经过脆—韧性过渡性状态逐渐演化的。因此，对地壳强度更为实际的估算，要求有岩石定量的脆—韧性流动的本构关系。

③ 地震活动性研究：通常，韧性的下地壳被认为是不发生地震的，中上地壳都有发震的记录。但大陆地壳中的地震震源大多集中在 10～15 km 深度，相当于岩石圈脆—韧性过渡带的深度。即认为地震产生及地震—非地震的转换是与岩石脆—韧性转换有密切关系的。当然，滑动摩擦本身可以是稳定的，也可以是不稳定的。因此，发震层也可以发生在较浅的脆性变形层中摩擦失稳的地方。研究表明：破裂延伸到脆—韧性区时，在同震阶段应变速率可以提高 10 倍，因此，在前震阶段韧性变形的岩石，在破裂阶段可以脆性或脆—韧性方式产生变形，从而释放巨大能量产生地震。显然，更深入地了解脆—韧性变形的物理学特征对研究地层破裂成震的理论模式意义重大。

4.3 岩石在变形过程中的成分变化

韧性剪切带内岩石的变形变质作用是一个构造物理化学过程。它是在构造应力作用下发生的物理变化和化学变化相互作用的一个过程。而构造应力怎样在变形过程中影响变质相、影响化学平衡是尚未解决的基本理论问题。但剪切带内的物质活化、迁移、富集和沉淀的过程与韧性剪切带的变形-变质作用过程息息相关却被公认。

韧性剪切带不仅是一条变形带，也是一条变质带。韧性剪切带内岩石变质作用的总趋势是产生易变形的矿物以抵消构造应力的影响。例如，中、酸性岩及火山岩的绿泥石化、绢云母化、高岭土化等，都是使架状硅酸盐矿物变为层状硅酸盐矿物，使原来难变形的矿物变为易变形的矿物。因而，岩石的进一步变形会比初始变形还容易。在韧性剪切带内，随着变形作用的加强，构造变质作用也会加强，也就是说，变形作用有利于变质作用的发生，这主要是因为变形作用为变质作用提供了能量。这就是为何通常在较低温度下，变质作用不易进行，但在变形强烈的矿物晶体内，积蓄较多的应变能，破碎的晶体积蓄很多表面能。这些能量在变质反应中能够提供必需的活化能，促使变质作用的发生。

化学变化不是剪切带内简单的成分均一化过程，而是某些矿物相在一定的物理化学条件下有选择性分解的结果。分解释放的组分能否立即形成次生矿物相是一个复杂的过程，涉及扩散梯度、饱和度、缓冲作用、催化作用等。随着剪切带演化，物化条件是不断变化的，而元素的活性也将随之不断变化。从整体上来说，剪切带内存在一系列地球化学元素的再分配过程。剪切带内的化学反应，包括角闪石退变成黑云母、绿泥石，斜长石退变成斜黝帘石、白云母，橄榄石退变成蛇纹石等。这些反应一般都是生成层状硅酸盐和 SiO_2，为反应软化和 SiO_2 的随流体迁移提供了可能。不活动元素的富集一般并非流体带入的结果，而是活动元素亏损的相对富集作用的结果。

退化韧性剪切带是大陆壳的普遍特征，由于剪切带的特性使其成为变质作用和流体通过的优选地带。剪切带内的变质作用常是退变质的，形成更富水的矿物相。流体与剪切带变形岩石间的物质成分交换改变了原岩的化学成分，造成一些元素随流体的迁移，导致剪切带的体积变化。由于成分变化与体积变化的密切关系，运用成分变化计算体积变化的方法已被广泛采用。

4.3.1　剪切带物质成分变化

剪切带普遍存在流体与岩石的相互作用，常发生物质成分的变化。物质成分的变化与各元素的地球化学活动性密切相关。在韧性剪切带中，Si、K、Na、Ca、Rb、Sr、U、Th 等元素一般表现为迁移亏损，Al、P、Mg、Ti、Cr、V、Zr、Y 等元素一般表现为不活动富集。对于大多数剪切来讲，流体活动的普遍性极大地促进了成分变化，主要以下列方式进行。

① 扩散作用：形成矿物环带或晕边结构，如糜棱岩中的压力影构造。

② 脱水作用：当变形穿过矿物颗粒时，含水矿物脱水产生大量流体，构造流体反过来又对岩石产生强烈交代作用。

③ 化学反应：在变化的 P、T 等条件下，物质在流体中的带进带出，可以通过一些变质反应形成新的变质矿物。如剪切带中经常发生钾长石蚀变产生多硅白云母的反应。

④ 力学不均一性：由于剪切带内不均一组构的发育，造成某些部位的应力集中，使得扩散物质从高应力区迁移到低应力区重新沉淀。

⑤ 晶格重组：颗粒边界迁移或颗粒生长期间的原有晶格的破坏重组，导致部分元素杂质释放迁移，引起化学变化。

对于无流体作用的剪切带，构造混合作用（tectonic mixing）也可以导致剪切带中的物质成分发生变化。但构造混合作用常发生于低温、岩层间具有明显强度差的情况下。构造混合作用与流体作用所引发的物质成分变化是可区分的。不同性质的剪切带，其物质的变化不同。

1. 变窄韧性剪切带

以压溶作用为特色的变窄韧性剪切带，体积损失及岩石化学成分的变化是其显著特征。如吕梁山盖家庄花岗岩变形带的特征如图 4-21（a）所示，宏观呈网结状产出，由弱应变域中无应变的块状花岗岩向变形带过渡，岩石逐渐细粒化，片麻理逐渐发育，至强变形带岩石往往呈细粒化，暗色矿物（黑云母或绿泥石）增多且定向极强。这种变形带之所以被认为是变窄韧性剪切带，是因为岩石由各

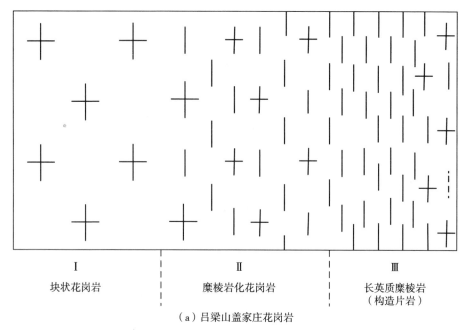

I	II	III
块状花岗岩	糜棱岩化花岗岩	长英质糜棱岩 （构造片岩）

（a）吕梁山盖家庄花岗岩

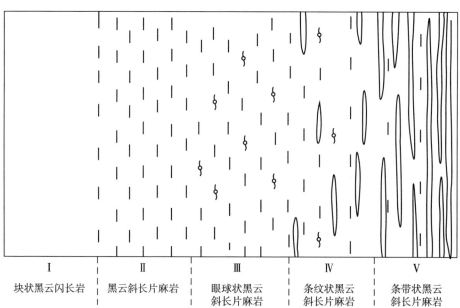

I	II	III	IV	V
块状黑云闪长岩	黑云斜长片麻岩	眼球状黑云 斜长片麻岩	条纹状黑云 斜长片麻岩	条带状黑云 斜长片麻岩

（b）恒山土岭片麻岩（眼球状、条纹状、条带状长英质）

图 4-21　不同变形带特征示意图

向同性无序向明显定向有序的糜棱岩或构造片岩发育过程中，矿物发生明显变化，如暗色矿物由不定向往定向发展并有增多趋势，浅色矿物明显细粒化、含量减少，糜棱岩较块状花岗岩（母岩）岩石化学成分发生显著变化，Mg、Fe、Ti、P、K、Mo、Pb、Rb 等含量增高，Si、Ca、Na、Sr、Au、Ag、Cu 等含量降低，即易溶组分被流体带走，难溶组分相对增加，产生显著的体积损失，流体带走的组分沉淀于垂直叶理的张性空间中，如布丁体间的石英脉。

变窄韧性剪切带内，岩石以块状糜棱岩化岩石至糜棱岩或构造片岩的发育为主要特征。其各种微观及宏观标志的研究已十分详尽，而糜棱岩相对其母岩在矿物学、岩石化学等方面变化的研究，目前已引起了构造地质学家的重视。如挤压体制下的变窄韧性剪切带，由母岩至高应变中心，随着岩石定向增强，压溶作用使不溶（熔）矿物元素相对增加，易溶（熔）元素进入流体并被带走，造成体积损失而使剪切带变窄。故变窄韧性剪切带往往是流体运移通过的场所。

2. 变宽韧性剪切带内

以平行韧性剪切带边界的扩张构造为特征的变宽韧性剪切带，物质添加造成的体积膨胀在不同构造层次的变质岩区有显著差异。中浅变质岩区，如吕梁山区吕梁群和五台山区五台群，大量存在与区域性面理或岩层产状近于平行的超镁铁质-镁铁质侵入岩席，往往成带产出，是中深构造相伸展作用形成的具幔源物质添加的变宽韧性剪切带的表现。

变宽韧性剪切带，在中深变质岩区以平行剪切带边界的扩张构造，即侵入岩席或条带状片麻岩（混合岩）为特征。体积的膨胀以镁铁质岩席的添加、岩石自身的熔融和自分异难熔和易熔组分的分异形成的眼球、条纹和条带状片麻岩为标志（图 4-21），往往为流体（包括岩浆）运移的最终场所。不同于变窄韧性剪切带的糜棱岩或构造片岩，变宽韧性剪切带的构造片麻岩虽也发育拉伸线理，但其显微组构特征则呈略具定向的花岗变晶结构，一系列运动学标志不是以显微尺度为主，而是以手标本（长英质眼球）或露头尺度，乃至更大规模的镁铁质岩石布丁或碎斑系为特征。就碎斑系而言，变窄韧性剪切带多以显微尺度的先存物质形成的碎斑系为主，而变宽韧性剪切带则以宏观尺度先存物质（表壳岩包体或深源包体）和同生物质（长英质眼球、变形的镁铁质侵入岩席）形成的碎斑系共存为特色。在恒山的片麻岩背形核部，往往发育一种与片麻理交角很大的陡立伟晶岩脉带，是挤压作用的产物，显然可与伸展作用的以平行脉体为特色的变宽韧性剪切带相区别。陡立脉与平行脉可相通或前者切割后者，这为确定较浅部位的五台山区花岗岩体成因提供了重要依据。在伸缩构造机制的褶皱构造研究方面，单文琅、宋鸿林（1991）等就变质岩区纵向和横向构造置换的研究是构造地质学的一项重大进展。恒山伸展型变宽韧性剪切带中，流褶层、顺层掩卧褶皱、鞘褶皱也十分发育，具明显的横向构造置换特征。

走滑式韧性剪切带，即狭义的韧性剪切带，以简单剪切为主，没有显著的压溶和扩张构造存在，无体变。其特征介于变窄和变宽韧性剪切带之间，许多现象可并存或以其独特方式存在，三种基本类型韧性剪切带见表4-2所列。

表4-2　三种基本类型韧性剪切带性质

体制	挤压（缩）	伸展	走滑
机制	变窄韧性剪切带	变宽韧性剪切带	韧性剪切带（狭义的）
体积变化	体积损失［流体带走矿物反应或低溶（熔）的组分］	体积膨胀（物质添加或岩石发生自分异）	无体变
流体	通过场所，带走物质	最终场所，带入物质	既是运移通道，也是最终场所
矿物变化	难溶（熔）矿物（元素）增加，易溶（熔）矿物（元素）减少	难溶和易溶组分发生自分异	矿物（元素）反应，不产生总体化学成分得失
岩石学特征	糜棱岩系列岩石或构造片岩S或S-L构造动态重结晶	构造片麻岩L或S-L构造岩静态重结晶	糜棱岩系列岩石，以动态重结晶为主
岩浆活动	以酸性岩浆活动为主	超镁铁质-镁铁质侵入岩墙（浅部）或岩席（深部）	不明
脉体	与叶理呈垂直或大角度相交的陡立脉体	以与叶理平行的脉体为主	陡立脉或平行脉（与叶理关系可共存）
碎斑岩	先存物质形成的碎斑系以显微尺度为主	先存和同生物质形成碎斑系共存，以宏观尺度为主	先存和同生碎斑系共存，以显微尺度为主
构造置换类型	纵向构造置换为主	横向构造置换	纵向构造置换为主
变形带	母岩→糜棱岩系列岩石或构造片岩	母岩→眼球状片麻岩→条带状片麻岩	母岩→糜棱岩系列岩石

4.3.2　剪切带中流体的作用

剪切带的构造特性使其成为地壳中流体活动的重要渠道，既是应变局部化带，又是流体渗滤和运移的通道。

低级变质作用下的剪切带，常是地壳中流体渠化（channelization）的重要地带，相应的"流体岩石"比率较高。研究表明：流体在压溶、构造变质、构造变形以及传递液压和润滑中起着间接软化作用。应力是构造化学作用的主要驱动力。应力控制着物质迁移扩散的方向和场所。在构造剪应力的作用下，岩石的强度降低，物质的溶解速度加快。在变形过程中存在的应力梯度、应变梯度及应变速率梯度，诱发了晶体化学梯度，引起物质的溶解和迁移。流体作为介质可以携带各种物质，使大部分构造变质得以发生；同时，流体作为软化剂，改变了岩石及矿物的变形特性，使岩石在较小的差异应力的作用下，就能够发生变形。在变形过程中，由于流体的存在有利于溶液的迁移以及微破裂和重结晶作用的发生。而岩石变形变质作用的结果使岩石产生分层构造，使矿物定向化、岩石面理化，这又为流体的运移提供了通道。

　　而较高级变质作用下的剪切带，由于透入性应变所引发的重结晶和颗粒边界迁移，抑制了流体渗透性的发展。

　　流体在剪切带中的出现，常具有以下几方面的作用：①流压降低了有效应力，使剪切滑动更易发生；②促进了架状硅酸盐向层状硅酸盐的转变，软化了剪切带；③有助于剪切带中的裂隙扩展，促进了流体的渠化；④某些元素随流体迁移，致使剪切带发生物质成分变化和体积变化，而变化过程中 Ca 的亏损和 K、Al、Si、Ti 的增加，有助于岩石的劈理化，同时影响了流体本身的活动；⑤流体活动所导致的体积变化，可以调节剪切带的应变量；⑥流体在剪切带中的出现，增强了岩石的韧性，对岩石的细粒化和糜棱岩的形成有重要的作用。

　　Uwe Ring 在研究中东非马拉维北部退化的角闪岩相剪切带时指出：糜棱带岩石的体积亏损可达 50%～60%。根据硅的亏损所计算出来的水/岩比达200～400。剪切带的形成最初与黑云母、长石分解为矽线石和石英有关。高应变带中矽线石和石英的形成是糜棱岩化期间脱水反应、脱碱作用的结果，这两种作用导致了黑云母的分解。尽管这种脱水作用所产生的水与流经剪切带内流体的通量相比是微不足道的，但是矽线石/黑云母比与应变的关系表明由脱水作用所释放的水对石英的局部变形行为起着催化作用。剪切带中的脱碱作用使得云母变得不稳定，阻碍了新生云母的形成。绝大多数黑云母的分解破坏了糜棱岩中流体循环的通道，最终导致了应变硬化和剪切活动的终止，这从另一方面证实了流体对韧性剪切带内的变形变质作用的影响。

　　总之，韧性剪切带内流体作用是一个复杂的构造物理化学过程，也是一个动态的力学-化学的耦合过程。一方面，水-岩相互作用改变了矿物行为、矿物组合和化学反应速率，提高了岩石的韧性、溶液的迁移能力、矿物的微破裂和重结晶作用，导致岩石变形的加剧；另一方面，变形岩石的劈理化、S-C 面理和构造分异作用提高了流体的渠化作用强度。韧性变形变质作用的结果必然是使得剪切带内岩石面理化、矿物定向化、细粒化。在韧性剪切带发育的成熟阶段，发生退变质作用，由于构造变质作用的总趋势是产生易变形的矿物以抵消构造应力的影响，从而加剧了岩石的变形。

韧性剪切带不仅是一些元素运移的通道，还是另一些元素（如金）的沉淀场所。由地幔和下地壳的排气作用或变质脱水作用形成富含 CO_2 和 H_2O 的流体，在构造剪应力的作用下进入剪切带。剪切带内的岩石在构造应力的作用下，通过压溶作用、水裂作用、应力腐蚀作用和构造变质作用，发生细粒化，并进一步发生位错蠕变、扩散蠕变。最终使得岩石面理化、定向化。岩石的面理化、定向化又为流体的运移提供了通道。由于流体在韧性剪切带内的流动通道是不均匀的，且流动方向是平行岩石的边界和构造。因此，剪切带内不同部位岩石的变形-变质作用程度是不一样的，水岩相互作用的方式和特点也是不相同的。这些都控制着一些元素（如金）在剪切带中的沉淀富集。在构造应力的作用下，剪切带内发生变形变质作用，岩石出现面理化、定向化。长石破碎分解，绿泥石、绢云母、钠长石等新矿物相生成，这时剪切带表现为碱性氧化环境，岩石发生硅化作用。同时由于岩石的变形，石英产生压电效应，黄铁矿发生极化以及毒砂等硫化物的微区出现 Eh 值或者硫逸度的局部降低。在这些因素的联合作用下，以 $AuSiO_4$ 和 $(HS)^{2-}$ 形式迁移的含金流体失稳，发生分解，在石英的位错墙、位错壁，黄铁矿、毒砂等硫化物中沉淀出金。

韧性剪切带的应变，从带的边缘向带的中心逐渐增强。应变在中心部位较高，继续变形总是在中心处发生。因此，韧性剪切带中心部位岩石的变形作用较两侧岩石的变形更为强烈，渗透率也较两侧岩石更高，这些部位更有利于流体的运移和沉淀。

糜棱岩化过程中的物质成分变化量，通常可以通过比较原岩和不同变形程度岩石间化学成分的差异而得到。但原岩的选择是关键的一步，单纯凭元素的浓度判断原岩是不可取的。由于关系密切元素具有相似的地球化学活动性，因此元素比率对确定原岩较为可靠。具体变化量可以通过 Gresens 方程计算得到。

4.4 构造带岩石变质-变形对应关系

一般来说，天然韧性剪切带剪切应力差（$\sigma_1 - \sigma_3$）可以达到一百至几百兆帕，强变形带可以达到一千乃至几千兆帕。根据岩石所处的温度等因素不同，其剪切应变也是不同的。所以，韧性剪切带为我们研究强剪切应力环境下岩石中物质变异作用提供了一个良好的天然实验室，它使得我们能够在几毫米至几米，几十米至数百米直至上千米的尺度范围内研究变形和未变形岩石之间以及强变形和弱变形岩石之间的化学成分变异特征。这是由于剪切带中往往发育着初糜棱岩—糜棱岩—超糜棱岩变形序列的岩石，它们分别对应着剪切带中不同强度的剪切变形作用，所以系统地研究韧性剪切带不同变形强度的糜棱岩成分与母岩（围岩）成分之间的变化关系，就形成了一个很好的应力变化与成分变异的对比序列，即提供了一个变质相与变形相对应关系的理想场所。

4.4.1　构造带岩石的变质相与变形相

变质相是指岩石在遭受变质时所处的 P、T、P_{H_2O} 和 ε（应变速率）都小于恢复速率的环境。变形相是指岩石在变形过程中，某一组平衡共生的矿物仅在 ε 大于恢复速率的条件下，发生塑性变形时的 T、P 和 P_{H_2O} 环境，其中 T、P、P_{H_2O} 可与变质相进行直接比较，其识别标志是参加塑性变形的矿物在变形过程中形成的同构造新晶组合。其温压条件可以通过变形新晶的地质温压计求算出来，也可由双晶滑移系的活动和变质相图来推断（Smulikowski，2007）。由于不同矿物达到塑性流变及静态重结晶所要求的温压条件不同，因此产生了塑性变形序列，它成为变形相划分的理论根据。如石英的塑性变形反映了中地壳的低绿片岩相条件下的流变，橄榄石的塑性变形反映了上地幔的流变，进一步的研究还发现钙质糜棱岩是中上部层次韧性变形的产物，斜长石的流变反映了下地壳的流变。对这种较高温度条件下的流变研究表明：变形已不仅是结构的改变，它还伴随着矿物的相变和变质反应。所以，对变质作用和变形之间的相互作用研究就显得意义非凡。近年来对深层次构造岩变形过程中成分变化的研究也有了进一步的深入，除应变速率因素外，有三种基本情况值得考虑：一是相同条件的变质变形；二是退变质变形；三是进变质变形。同条件变质-变形是指变形发生在与原岩成岩条件相同的情况下，这时岩石只发生结构、构造的改变，矿物在变形过程中不发生元素转移或再分配，所以同构造新晶和残晶的成分是不变化的。退变质-变形是指较高级变质相由于 P、T 和 P_{H_2O} 及 ε 的变化，岩石为适应新环境而发生矿物相和矿物共生组合的变化，这样变形新晶的成分变化明显，而全岩总体上的变化要视构造条件来确定，开放体系中成分变化较大。进变质-变形则与退变质变形在 T、P 条件上是相反的，在增压增温过程中可能会伴随着元素的再分配，无论是新晶与残晶之间，还是变形前后的全岩成分都有一定的差别。

4.4.2　构造带岩石的变质

韧性剪切作用极大地改变了岩石的组构特征，使得主要造岩矿物晶格变形，从而增加元素的活性和扩散速度。所以，构造带岩石化学成分的改变还在微观上表现为矿物化学的改变，这就使我们有可能从矿物晶体结构和矿物化学成分的角度探讨岩石宏观上的变化。

变质岩石学中岩石的变质反应通常被认为是受温度和压力的联合控制,研究表明应力(变形作用)对变质反应的控制作用不可忽略,但是目前对此还了解得很少。Dempster 等详细研究了变形白云母矿物中主要元素的扩散作用,结果发现动力因素(变形)对扩散效应的控制大于热力学因素,发现细粒强变形的白云母中主要元素扩散的最低下限温度明显低于粗粒弱变形的白云母(主要表现在 Si/Al 和 Mg/Fe 比值上的显著差异),并认为由于矿物应变而产生的位错变形等晶格缺陷是主要原因,所以变形作用对变质反应的重要性和控制作用应受到高度重视。

剪切作用产生的机械能转化成热能,提高了受剪切作用岩石的温度,为各元素在岩石中的活化迁移提供了动能。世界上广泛发育于韧性剪切带中的金矿的形成就与这种动力驱动的元素的活化迁移有关。由于剪切变形作用导致岩石微裂隙的发育,增大了流体剪切带的渗透率,可加速流体的对流与循环,韧性剪切带可以作为流体或金矿溶液迁移的通道。许多成岩成矿实验条件证实,剪切作用可以极大地改变岩石中的应力条件,促使岩石物质状态进行再调整。

对于韧性剪切带的成分变异-体积变化-流体渗滤-变形作用及其相互关系的研究引起了人们的广泛关注,已有的研究表明,不同剪切带中的变形糜棱岩与其母岩的化学成分存在明显的差异并形成有规律的变化。对于韧性剪切带过程中变形岩石糜棱岩与母岩之间的化学成分变异机制的认识,主要有两种:一是认为剪切带在等体积条件下流体流动或渗滤引起元素活化迁移;二是认为剪切带体积亏损和流体作用条件下高场强元素的得失是主要原因,并提出了沿剪切带的流体渠化作用(channeling)或定向渗滤作用(infiltration)是造成体积亏损的重要途径。与此同时,国外学者还注意到韧性变形作用导致岩石同位素体系的部分或者完全重调,并以此作为强变形岩石同位素定年的基础,对澳大利亚 Tasamania 韧性剪切带中水-岩作用与韧性剪切带中氧同位素变异的关系研究显示韧性剪切作用使得体系中氧同位素重新调整。

4.4.3　韧性剪切带上的变质反应

据韧性剪切带变质岩中出现大量含水矿物(角闪石、绿泥石、云母类矿物、绿帘石)及碳酸盐矿物(方解石、铁白云石),结合岩石的反应结构特点,说明这些矿物是由较高温矿物经退变质加 H_2O 或 CO_2 作用的产物。如剪切带碎斑糜棱岩中残斑状石榴石退变为黑云母和白云母时,将发生明显退化变质反应:

$$15.54Grt + 32.26Mi + 14.89\ H_2O = 8.75Bi + 6.14Mu + 5.73Q$$

(石榴石)　(微斜长石)　　　(水)　　(黑云母)(白云母)(石英)

由上述反应可看出，退化变质作用为吸水反应过程，大量 H_2O 的加入促进了变质反应的进行，流体包裹体研究也证实了这一点。由变质带边缘到中心，退变质强度明显增加，H_2O 的含量也显著增加，流体包裹体中气相 H_2O 的含量由 16.6mol％增加到 22.4mol％（徐学纯，1991）。在退变质过程中岩石化学组分也有明显变化，特别是韧性剪切变质变形带。带外原岩若为斜长角闪岩，随韧性剪切变质变形作用的加强，常量元素 K、Na、Fe、Si 含量增高，而 Ca、Mg、Ti 含量降低；微量元素 Au、Ag、Cu、Pb、Zn 一般富集在强变质变形带中，与常量元素 K、Na、Fe、Si 含量变化趋势一致，而 Cr、V、Co、Ni 含量则明显降低。在长石碎斑糜棱岩和长石石榴碎斑糜棱岩中，黑云母的 TiO_2 含量明显降低，由 0.46％减少到 0.3％，其多色性由黄褐色变为绿色，MnO 含量由 0.07％增加到 0.16％。黑云母中 MnO 含量增加和 TiO_2 含量降低均反映了变质作用的温度降低，同时说明韧性剪切变质作用是一个退化变质作用过程。

上述矿物学研究可有效地揭示流变相所涉及的变质变形过程。矿物组合及岩石化学成分的变化取决于流变岩石的相互作用，主要作用机理如下：

$9Ca (Mg, Fe) Si_2O_6 + CaAl_2Si_2O_8 \cdot NaAlSi_3O_8 + H^+ \longrightarrow$
（单斜辉石）　　　　（斜长石）

$2Na_{0.5}Ca_2 (Mg, Fe)_{4.5} Al_{0.5}Si_7AlO_{22} (OH)_2 + 6Ca^+ + 9SiO_2$
（角闪石）

$2Na_{0.5}Ca_2 (Mg, Fe)_{4.5} Al_{0.5}Si_7AlO_{22} (OH)_2 + 2K^+ + 16H^+ \longrightarrow$
（角闪石）

$K_2 (Mg, Fe)_{4.5} AlSi_6Al_2O_{20} (OH)_4 + 8 SiO_2 + 4.5 (Mg, Fe)^{2+} +$
（高钾黑云母）

$4Ca^{2+} + Na^+ + 8H_2O$

$2Na_{0.5}Ca_2 (Mg, Fe)_{45} Al_{0.5}Si_7AlO_{22} (OH)_2 + 0.5K^+ + 16H^+ \longrightarrow$
（角闪石）

$K_{0.5} (H_2O) (Mg, Fe)_{4.5} AlSi_6Al_2O_{20} (OH)_4 + 8 SiO_2 + 4.5 (Mg, Fe)^{2+} +$
（低钾黑云母）

$4Ca^{2+} + Na^+ + 7H_2O$

$6Na_{0.5}Ca_2 (Mg, Fe)_{4.5} Al_{0.5}Si_7AlO_{22} (OH)_2 + CaAl_2Si_2O_8 \cdot NaAlSi_3O_8 +$
（角闪石）　　　　　　　　　　　　　　　　　（斜长石）

$$3(Mg, Fe)^{2+} + 24H^+ + 6H_2O \longrightarrow$$

$$3(Mg, Fe)_{10} A12Si_6 A1_2 O_{20} (OH)_{16} + 4Na^+ + 13Ca^{2+} + 29 SiO_2$$

（绿泥石）

$$4K(Fe, Mg)_3 (AlSi_3 O_{10}) (OH)_2 + 8H^+ + 4HS^- + O_2 \longrightarrow$$

（黑云母）

$$(Mg, Fe)_{10} A12Si_6 A1_2 O_{20} (OH)_{16} + 4K^+ + 2Mg^{2+} + 2FeS_2 + 6 SiO_2 + 2H_2O$$

（绿泥石）

$$2KAlSi_3 O_8 + 4NaAlSi_3 O_8 + 4H^+ \longrightarrow K_2 Al_4 Si_6 Al_2 O_{20} (OH)_4 + 4Na^+ + 12SiO_2$$

（钾长石）　　　（钠长石）　　　　　　　（绢云母）

En+流体——→FO+SiO₂（流体中）

（顽火辉石）（镁橄榄石）

Phl+流体——→FO+SP+K₂O+SiO₂（流体中）

（金云母）　　　（尖晶石）

Phl+Opx+流体——→Ol±Sp+K₂O+SiO₂+A1₂O₃（流体中）

（斜方辉石）　　　　　（橄榄石）

Hb+Opx+流体——→Ol+Di±Sp+Na₂O+SiO₂（流体中）

（角闪石）　　　　　（透辉石）

4.4.4　熔融作用与变形作用

Hirth 等对部分熔融岩石的流变学做了系统总结。部分熔融岩石的流变学依赖于熔体相的体积分数、黏度和构形。实验研究表明少量熔体的存在将在一定程度上促进扩散蠕变体制与位错蠕变体制内岩石的蠕变速率。但是，当熔体量大于约 5％时，蠕变速率将提高一个数量级。熔体扩散蠕变模式，包括"短路"扩散效应和局部应力增长效应（它们是由于颗粒—颗粒界面区熔体的侵位所致），合理地解释和预测了橄榄石-玄武岩体系中低熔体比例的高蠕变速率特点与钙长石-熔体体系中熔体比例不等条件下的蠕变速率加强趋势。但是这些模式却低估了橄榄石-玄武岩体系高熔体比例条件下熔体的作用，因为此时对于低熔体比例所设定的熔体构形已经不复存在。对于两相集合体幂指数率蠕变的研究，揭示了位错蠕变体制内熔体促进蠕变的模式。而这种模式再次低估了熔体比例大于约 3％时橄榄石-玄武岩体系中熔体对于蠕变的作用，原因之一是多数关于位错蠕变体制的实验研究是建立在扩散蠕变与位错蠕变的转变条件下的，但颗粒边界滑移为总体应变也做出了较大的贡献而没有考虑在内。为此，他们提出在两个重要方面上需要进一步地开展深入研究：①利用不适于颗粒边界滑移和扩散蠕变出现的较粗颗粒样品，来定量研究位错蠕变体制下熔体比例对变形作用的影响；②熔体压力对熔体构形与岩石流变学的影响。由于熔体具有较高的黏度，因此对熔体压力的研究最好应用模拟材料。Renner 等利用钙-锂碳酸盐岩的模拟实验为此提供了依据，研究结果表明样品的强度与熔体压力具有密切的相关关系，部分熔融集合体的强度显然低于纯的合成样品。

Rosenberg 阐述了实验与天然变形部分熔融花岗质岩石变形机制上存在的差异，进而对由实验获得的数据、流动率向天然过程外推的合理性提出了质疑。首先是对野外地质学家仍然使用的流变学临界熔体体积分数（RCMP）问题的讨论。RCMP 概念起源于细粒部分熔融花岗岩的研究，当熔体比例为 $0.15\%\sim$ 0.35%，相对于熔体其含量变化仅仅为 5% 时，岩石的强度将变化一个数量级。这一熔体比例区间（$0.15\%\sim0.35\%$）称为 RCMP。研究结果认为，RCMP 对应于由悬浮型向固体支撑型的转变。他们利用熔体比例将岩浆结晶系列划分出三种不同的状态：岩浆型（RCMP 之上）、亚岩浆型（对应于 RCMP）和高温固态型（界于固态和 RCMP 之间）。虽然确定岩浆型和亚岩浆型的显微构造证据已经很充分，但对于区别固态变形和低熔体比例的高温变形的显微构造型式，目前还是寥寥无几。

Bruhn 等利用橄榄石熔体的实验研究结果阐述了变形作用引起的熔体再分布以及由此造成岩石结构与性质的变化。变形作用使得玄武质熔体再分布，并形成强烈的形态优选。多数熔体沿着颗粒边界产生面状构造聚集分布，这些面状构造与主剪切方向约呈 $20°$ 的夹角，并具有反向分布的趋势。Fe（Ni）- 硫化物和金熔体的宏观面状优选是由一系列细小的熔体囊组合而成，每一个熔体囊的延伸、排列方向与主剪切方向反向且呈约 $27°$ 夹角。因此可以认为橄榄石-熔体体系会引起熔体分布的强异向性，并且与熔体成分没有直接关系。变形作用导致熔体库具有贯通性，分别形成较大规模的席状（面状）体（玄武质样品）和熔体通道（橄榄石-金属熔体样品）。这种熔体再分布现象为地幔岩石的渗透率提供了充分的依据。玄武质熔体的优选再分布解释了洋中脊熔体聚集迁移地幔中金属硫化物，熔体的排列分布说明渗透过滤作用是地核熔体排出的一种可能机制。Mecklenburgh 等提出部分熔融花岗岩的变形可以通过几种不同的变形机制完成：①颗粒与基质的位错蠕变；②扩散蠕变可能因强扩散熔体的存在而明显加强；③基质颗粒的颗粒流，颗粒可以同时具有晶内破裂或无晶内破裂。虽然这些变形机制可以在一些特定条件下出现，但溶解-扩散促进的颗粒流在部分熔融的花岗岩流动作用中尤为重要。

Berger 认为熔体比例强烈地影响着部分熔融岩石的流动强度与熔体的分离。因此，熔体比例是解释部分熔融岩石的分离与变形过程的关键。

熔体比例评价的内容如下：①确定浅色体的体积及其所代表的熔体的内涵；②估计熔体形成过程中初始固体相的量；③比较天然混合岩与已知实验 $P-T$ 条件下确定的熔体比例。另外，变形作用也是控制熔体分离的主要因素，即使在低熔体比例情况下，因受强烈变形作用影响也会出现熔体分异为浅色脉体物质。而产生的构造型式与岩石的流动强度则与熔体比例以及熔体分布密切相关。

李化启等（2006）曾以细粒辉长岩、中粒花岗岩、细粒斜长角闪岩和二辉麻粒岩等几种岩石类型为实验样品，进行了高温高压条件下岩石的变形、熔融试验。通过对实验样品详细的变形、熔融特征研究和应力应变分析，得出了共轭扇式变形-熔融模型，完善了动力熔融概念和分层熔融模式，该实验研究的结果可能更能反映自然条件下动力变形、熔融的平面分布特征，扩充了熔融产生的范围，不再局限于下地壳和上地幔等受地温梯度控制的地域。而在构造控制的剪切压熔环境下的各种有利于促熔的构造域都有可能形成熔体，直至产生岩浆。阐述了构造应力、构造变形是对岩浆的生成-熔融起作用，更加合理地解释了剪切带中同构造岩浆岩的成因。

4.4.5　岩石变质-变形对应关系

构造带岩石在构造应力作用条件下产生变形的同时引起质变，产生了新的岩石和矿物，改变了原有的组成，这是一种以构造应力为动力引起或驱使岩石在形变过程中使原有组成重新组合、重新调整的结果。

近 10 多年来，对于韧性剪切带及其所形成的糜棱岩方面的研究进入了一个重要的发展阶段，即岩石类型以早期的长英质糜棱岩为主，扩大到现在的几乎涉及所有岩石种类；从极低变质条件下的沸石相到麻粒岩相，乃至出现深熔，几乎囊括所有的变质相领域。

构造带的变形机制因其构造特性不同而有别，从浅地表到深部的下地壳甚至是上地幔会产生不同程度和类型的变形，由前可知在构造应力的作用下，矿物的成分会活化、转移、再沉淀，整个过程中元素并非简单地迁移，而是在整个过程中不停地根据环境变化（T、P、Eh、pH 等条件）而重组。因此，在各种不同的变质等级条件下，物质的重组是不同的、有规律的，具有一定对应关系的，本节对构造带常见的矿物组合的变质相和变形相进行了初步分析，总结如下。

1. 不同变质相的矿物重结晶现象

主要造岩矿物的动态重结晶过程可以出现在不同构造层次的变形、变质条件下。Passchier 等人认为动态重结晶作用主要与温度有关，近年来经过综合分析后认为：温度仅仅是一个重要的影响因素，但不是唯一因素，还应考虑压力、流体等多种因素，因此本节用变质相对这些层次进行划分。

（1）在沸石相条件下

方解石在 250℃左右以及应力作用下发育膨凸动态重结晶新晶粒，黑云母在250℃左右开始发生塑性变形。

（2）在低绿片岩相条件下

方解石以亚颗粒旋动态转重结晶作用为主；石英出现由位错滑移形成的单晶丝带构造，仅有少量亚颗粒旋转及膨凸动态重结晶新晶；长石以碎裂为主，晶内开始出现波状消光、机械双晶、变形带、扭折等由位错滑移引起的变形现象；黑云母以简单开阔的扭折为主，有膨凸重结晶作用发生，细小的膨凸重结晶颗粒主要出现在膝折带附近。

（3）在高绿片岩相条件下

石英以亚颗粒旋转动态重结晶作用为主，并几乎完全重结晶，发育多晶集合体条带；长石开始发生以膨凸动态重结晶为主要变形机制的重结晶作用，残斑系十分发育，晶内普遍发育机械双晶、变形带、扭折等变形现象；黑云母也普遍发育以亚颗粒旋转为主的重结晶作用。

（4）在低角闪岩相条件下

石英重结晶粒度开始变粗，形成矩形条带，重结晶机制由亚颗粒旋转转为颗粒边界迁移；长石开始出现位错攀移，并出现亚颗粒旋转动态重结晶作用；角闪石发育以双晶成核为主的膨凸动态重结晶作用。

（5）在高角闪岩相条件下

石英为长矩形条带，长石变形机制仍以亚颗粒旋转动态重结晶作用为主。在高角闪岩至麻粒岩相条件下，苗培森等人研究发现角闪石发生亚颗粒旋转动态重结晶，晶粒间多色性发生明显变化，残晶为暗棕绿色而新晶粒为暗绿色。角闪石出现亚颗粒旋转动态重结晶作用，形成近等粒状新晶粒。

（6）在麻粒岩相条件下

石英重结晶为长条状单晶。长石表现为完全的晶质塑性，重结晶作用十分发育；斜长石新晶集合体内常常有乳滴状石英，而钾长石新晶集合体则为斜长石、钾长石和石英的交生体。辉石主要发育膨凸动态重结晶作用。辉石在辉长质糜棱岩（800℃左右）中呈残斑系出现，斜方辉石及单斜辉石普遍发育膨凸动态重结晶作用，并主要形成细粒同成分辉石新晶。斜方辉石在 1400℃左右条件下，出现单斜辉石与斜方辉石动态重结晶多边形新晶粒集合体，同时残斑内部还出现单斜辉石出溶叶理。橄榄石在麻粒岩相条件下发育膨凸重动态结晶新晶粒。在其亚颗粒旋转动态重结晶过程中，变形的橄榄石呈现为拉长状残斑，围绕残斑形成的新晶粒具有较大的光性方位差和明显的颗粒边界。在大陆伸展区内，碱性玄武岩中的橄榄石包体可发育细粒的膨凸动态重结晶新晶粒，但这一现象仅局限于较大范围内；而在大陆裂谷带内，碱性玄武岩中的橄榄石包体可发育亚颗粒旋转动态重结晶新晶粒，它主要是由发生在晚期伸展或抬升区域的小型固态底辟作用所引起的热和重力梯度失稳所致。变质条件加深时，橄榄石比辉石更容易发生塑性变形。

相对应的变质相为沸石相、低绿片岩相、高绿片岩相、低角闪岩相、高角闪岩相、麻粒岩相。Passchier 等人提出矿物发生动态重结晶的相对顺序为方解石→黑云母→石英→长石→橄榄石→石榴石→角闪石，通过对角闪石动态重结晶的研究，其重结晶顺序应提前。所以，主要造岩矿物发生动态重结晶的相对顺序应该为方解石→黑云母→石英→长石→角闪石→橄榄石→辉石。

2. 不同变质相下矿物变形组合特征

在不同的变质环境下，岩石中矿物组合也因变形的程度和环境不同而不同。以长英质糜棱岩为例，在不同变质相下特征矿物组合有以下特点：

在地壳表层，温压低于绿片岩相条件（温度小于300℃）下，长石和石英主要呈脆性变形。长石因颗粒内发育两组完全解理（010）、（001）而使其强度比石英弱（Evans，1988）。部分长石尤其是钾长石易分解成高岭石及绢云母。

在低绿片岩相条件（温度为300℃～400℃）下，石英主要表现为韧性变形（位错滑移及蠕变），出现以位错滑移形成的单晶丝带构造，而长石则为脆性变形。温度逐渐升高时，石英因出现恢复作用而可以形成核幔结构，新晶以膨凸动态重结晶作用为主。长石的变形机制以内部的显微破裂和碎裂流动为主，局部发生弱的位错滑移，晶内出现波状消光、机械双晶、变形带、扭折等由位错滑移引起的变形现象。高应变时，长石可以发育眼球体，边部为细粒的长石及石英集合体。局部重结晶作用的新晶主要是因为化学组分不均衡。黑云母也以韧性变形为主，可出现膨凸动态重结晶作用，但很容易退变为绿泥石。

高绿片岩相条件（温度为400℃～500℃）下，长石开始发生以膨凸动态重结晶为主要变形机制的重结晶作用。晶内仍普遍发育机械双晶、变形带、扭折等变形现象。温度偏高时，碱性长石在高应力部位可出现蠕英结构。石英则出现以亚颗粒旋转为主的动态重结晶作用，发育多晶集合体条带。黑云母普遍重结晶，新晶以亚颗粒旋转动态重结晶作用为主。

低角闪岩相条件（温度为500℃～600℃）下，长石开始出现位错攀移，出现亚颗粒旋转动态重结晶作用，蠕英结构发育，但在高应变速率下仍以膨凸动态重结晶作用为主。发育核幔结构，在有流体参与的条件下，碱性长石重结晶常伴有成分的分解作用，可形成大量的白云母和石英。石英出现高温颗粒边界迁移动态重结晶，多晶条带中的单晶常常为矩形颗粒，随着应变量增加，石英条带可有胀缩变化，从而形成同构造"眼球体"。

高角闪岩相条件（温度为 600℃～700℃）下，长石变形机制以亚颗粒旋转动态重结晶作用为主，发育核幔结构，核部亚晶粒发育，与幔部逐渐过渡。在有流体参与时，碱性长石除动态重结晶外，还可分解为矽线石和石英。石英以高温颗粒边界迁移为主，多晶条带中的单晶为长矩状颗粒。

麻粒岩相条件（温度大于 700℃）下，岩石的变形已经为完全的晶质塑性变形。长石表现为完全的晶质塑性，重结晶作用十分发育。斜长石新晶集合体内常常有乳滴状石英，而碱性长石新晶集合体则为斜长石、碱性长石和石英的交生体。石英可以出现重结晶的长条状单晶条带。

第 5 章 矿物包裹体形迹与变形

变斑晶是联系变质与变形的重要媒介与桥梁。自从 Zwart 提出三类九型的变质变形分析原理、开创变质与变形结合研究的新领域以来，在随后的实践中，许多地质学家对此原理提出疑义。其中存在的许多模糊概念，在应用过程中给人们带来混乱、误解和争议。在长久的学术争鸣中，人们从不同的角度来探索变斑晶成因问题，使得研究内容不再局限于变斑晶与基质微构造关系的单一研究而得以大大拓展，涉及变斑晶的旋转问题，变斑晶成核、生长及溶解与变形分解作用，变斑晶与造山过程和褶皱作用的关系或与逆冲作用和剪切带的关系，变斑晶与褶劈理的形成及演化，变斑晶与构造作用力方位、应变率或应变量、生长动力学的关系，变质与变形的相互作用等许多方面，所有这些进展都增进了我们对变斑晶晶内各种显微构造，尤其是晶内包裹体径迹多成因的理解和多因素控制的认识。

5.1 变斑晶晶内包裹体径迹的几何形态分类

理想状态下，晶体的生长是各向均匀的，但是，近年来变形作用和变斑晶生长关系研究表明：变形变质过程中变斑晶并不是从中心各向同性地均匀生长，其生长与当时所处的应力环境、物质供给和流体相的参与有关。其中，流体相的参与是变斑晶生长所需物质迁移的载体，为变斑晶生长的物质供给提供先决条件。所以，变斑晶生长过程中包裹在其中的物质就有不同的变形形式。

李三忠等（1997）在 Bard 划分的六类几何形态基础上，将其划分为九大几何形态系列（图 5-1），分别称为：①无规则型；②放射型；③直线型；④曲线型或弧型；⑤S 型；⑥微褶皱型；⑦螺旋型；⑧交截型；⑨特殊型。由于同一变斑晶在不同方位薄片上的几何形态可能不一致，因此这里以其所具有的最复杂形态为准。

5.1.1 无规则型

目前普遍认为无规则型晶内包裹体径迹是变形前的产物，尤其是有些石英包

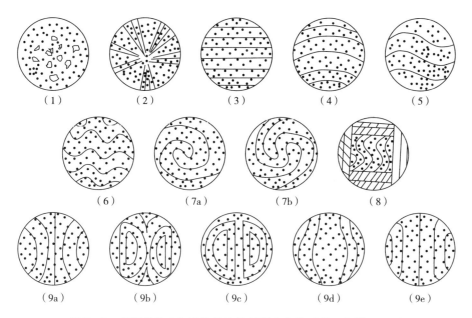

图 5-1　变斑晶晶内包裹体径迹几何形态分类（李三忠等，1997）

裹体呈棱角、次棱角状无规则分布，如图 5-1（1）所示，这表明变斑晶是在基质尚无变形的条件下形成的。

5.1.2　放射型

主要是包裹体呈放射状分布在变斑晶中，如图5-1（2）所示，其在石榴石中发育较多。一般认为放射型的晶内包裹体径迹是形成于片理S_1之后，包裹体矿物在变斑晶中呈放射状分布而形成。

5.1.3　直线型

直线型是指包裹体呈直线状分布在变斑晶中，如图5-1（3）所示，通常分为三类：①可能是在变形后或两期变形之间的宁静期间静态生长而成；②可能为同变形期形成；③可能是在变形前形成的。按照 Bell 等提出的模式，它们都是同变形期的产物，只是 Bell 等认为当褶劈理尚处于形成的第二阶段时，它表现为直线型，而且都未发生旋转；如果变斑晶生长在第三阶段停止，则只保留直线型；若变形继续进行到第三、四阶段，即变形程度增强时，则变斑晶内缘的包裹体可能会出现小弯曲，如果此时在侧向压应力作用下，这些变斑晶边缘的包裹体弯曲可能被溶蚀，即被"截切"掉，因而最终仍保留直线型径迹。不同变斑晶晶内包裹体径迹之间的一致性似乎更有力地支持了这一认识，因为旋转的不同，变斑晶之间不可能旋转完全相同的角度。但 Vernon 认为这类变斑晶解释为在变形后形成更易被人接受。同时他又指出，这只是从具直线型包裹体径迹的变斑晶自身大小尺度而言的，若不指明观察尺度来谈变形前还是变形后是毫无意义的。

5.1.4　曲线型或弧型

对于曲线型或弧型晶内包裹体径迹，如图 5-1（4）所示的形成有两种认识：一种认为形成于变形同期，另一种认为形成于变形后（或前）。按 Bell 等的观点，它亦应为同变形的产物，由于在褶劈理演化的第三阶段，褶劈理的枢纽区非常有利于变斑晶的成核和生长，最后包裹了弧形褶皱区的石英等形成了弧形包裹体径迹。在递进变形的持续作用下，晶内弧形的弧度应当较晶外宽。这点便成为鉴别具这类晶内包裹体径迹的变斑晶是同 S_n 变形的，还是变形后（S_n 之后，S_{n+1} 之前）的重要标志。

5.1.5　S型

对 S 型晶内包裹体径迹［图 5-1（5）］，很多学者认为是同变形期间形成的，但对形成模式的认识略有不同。Spry 认为是同 S_n 变形（假如包裹体径迹为 S_n）的产物，但其模式难以解释包裹体旋转大于 90°的变斑晶，不过在自然界这种情况也是可能存在的，鉴别这一模式的成立应当注意鉴别晶外叶理与晶内包裹体径迹应当是一期叶理，且应当是相连的。此外，Gray 等对 Spry 模式进行了数学模拟。Bell 等的认识则大不相同：如果晶内包裹体径迹为 S_n，他们认为应当是同 S_{n+1} 变形的，一般在褶劈理形成的第三阶段才开始出现，其"S"型的紧闭程度取决于变斑晶成核时的变形程度。若变形程度低，则晶内包裹体径迹的中部应当为直线型，至变斑晶边缘才会发生轻微挠曲。庄育勋（1994）则考虑到岩石经历了多幕或多个变形序次、片理发生多次置换的复杂性，提出了"去皱作用"后由 S_{n+1} 片理周绕的晶内径迹为 S_n 的变斑晶形成模式。因此，晶内包裹体径迹与晶外径迹不相连应成为其主要鉴别标准，且在压力影中应尽力寻找残留的 S_{n+1} 褶劈理，或在其他弱变形域内找到这一证据便更为可靠。同 Bell 模式一样，他也认为具有 S 型晶内包裹体径迹的变斑晶形成于同 S_{n+1} 变形。Wilson 则提出不同于 Spry 和 Schulz 对变斑晶旋转的认识，而像 Bell 等及庄育勋一样认为变斑晶未旋转，是基质发生了旋转形成 S 型晶内包裹体径迹，与此观点相同的还有 Karlstrom 等。大量的野外和镜下证据支持了这种变斑晶的非旋转模式。Williams 也注意到在许多样品中，S 型轨迹的不对称性非常一致，要么都为左行，要么都为右行。值得提出的是庄育勋将变形同期的变斑晶进一步划分了四个等级，即变形初期的、变形中期的、变形峰期的和变形峰后期的，并给出了相应的变斑晶显微组构鉴别标志，这有利于变质与变形关系的深入研究。以上四种模式的另外一个大差别是形成机制不一样，Spry 和 Wilson 的模式皆为单剪体制下。Bell 等的模式以收缩挤压机制为主，伴随有应变分解作用，庄育勋的模式则为递进缩短与剪切变形作用条件下。与前述几个模式不同的另一个模式是由 Schoneveld 提出的。他强调 S 型轨迹的形式取决于变斑晶相对于原始片理 S_1 的原始位置及基质的变形机制。他分别讨论了单剪、纯压扁和旋转压扁机制，表明有的具直线型晶内包裹体径迹的变斑晶也可形成于同变形期，同一个薄片内原始排列方位不同的变斑晶晶内可出现相反运动学指向的 S 型晶内包裹体径迹。

总之，在解释 S 型晶内包裹体径迹的成因时，不仅要考虑变形体制、应变速率、变斑晶初始位置、压力影或残余弱变形域内的早期褶劈理的寻找，还要联系同一薄片或标本中其他变斑晶晶内包裹体径迹之间的关系等。

5.1.6　微褶皱型

微褶皱型的晶内包裹体径迹 [图 5 - 1 (6)] 的成因，大多数人认为是变形后或变形间运动期形成的，因为晶内包裹体径迹的微褶皱常与晶外的微褶皱形态一致，紧闭程度也一致，且与晶内、晶外径迹相连。此外，变斑晶也常较自形。故是在微褶皱形成之后，叠生在其上的变斑晶。

5.1.7　螺旋型

一般认为具有螺旋型包裹体径迹的变斑晶 [图 5 - 1 (7)] 是同变形期经受了旋转作用的产物 (Bell et al.，1993a，b)。

螺旋型晶内包裹体径迹成因的认识最早由 Schmidt (1918) 发表，随后 Rosenfeld (1970) 对旋转度较高的石榴石的三维形态采用了一个"同心环模型"，并做了详细的模拟实验，模拟结果认为螺旋型晶内包裹体径迹是一系列的同心环缓慢做相对旋转形成的。这一模型没有考虑变斑晶周围外部叶理的旋转。之后，Schoneveld (1977) 又设计了一个"线环模型"，克服了"同心环模型"的缺点，模拟结果认为晶外线紧密区代表富云母域，而更为宽阔的空白区代表石英富集的压力影。这一模型更好地解释了地质事实，但它没有考虑力学性质。Masuda 等 (1989) 假定变斑晶为刚体处于一均匀黏性流体中，采用水动力学的"蠕变流动"（斯托克斯）来模拟包裹体被变斑晶的捕获及它们的旋转。但他们仅分析了二维包裹体形迹，Bjornerud 和 Zhang (1992) 采用类似方法分析了所有三维问题。Gray 等 (1994) 则进一步讨论了在单剪和纯剪的变形条件下包裹体径迹形态的三维模拟结果，在其模型中对基质变形运动学采用蠕变流动形式的 Strokes - Navier 方程，对变斑晶采用简单的幂律模式生长动力学，有助于深入了解螺旋型晶内径迹的动力学因素。这种考虑在中深变质岩区是基本符合事实的，但是也应当认识到变斑晶的阶段性生长问题。在单剪条件下模拟结果的三维形态表明不同的变斑晶生长方式对晶内包裹体径迹也有一定的影响。

5.1.8 交截型

交截型晶内包裹体径迹通常分为折劈型和复杂交截型两种，如图 5-1 (8) 所示。折劈型晶内包裹体径迹一般都认为属变形后，因为晶内包裹体径迹 (S_i) 无论是 S_n 还是 S_{n+1}（折劈）都与晶外径迹 (S_e) 相连，而且折劈形态、宽度也一致，晶体多较自形。然而，这一认识受到 Bell 的质疑 (1986)。他认为变斑晶生长期间变形分解作用可能很强，非共轴变形在靠近正生长的变斑晶一侧的 M 域发生，而被包裹的褶劈理代表的老 M 域随递进变形而不起作用，因而使得活动着的 M 域的间隔可能逐渐增加。按照这种模式，折劈型晶内包裹体径迹应是同 S_{n+1} 变形期的，而不是变形后的。Vernon (1989) 指出由于变形分解可以在比观察尺度更大的范围进行，因而使得运动后变斑晶的生长难以解释，但是假如尺度固定将这一类型晶内径迹解释为运动后的还是正当的。对于复杂交截型晶内包裹体径迹，按照 Bell 等的认识，多组晶内包裹体径迹的交截是区域上多幕变形的结果。然而，王惠初指出变斑晶晶内包裹体径迹的多组交截与区域多期变形有较复杂的对应关系，不能简单地把变斑晶内部包裹体组构解译出的多期或多阶段变形来推测区域上也存在相应期或阶段的变形。

5.1.9 特殊型

通常可分为 5 种特殊的包裹体径迹类型：① "DC" 型 [图 5-1 (9a)]，② "DD" 型 [图 5-1 (9b)]，③ "DD" 型 [图 5-1 (9c)]，④ "（）" 型 [图 5-1 (9d)] 及⑤ "蜈蚣" 型 [图 5-1 (9e)]。至今，关于这些特殊类型的晶内包裹体径迹一般认为是单剪作用下变斑晶边生长边旋转形成的 (Bard, 1987)。Gray 等 (1994) 的模拟结果证实了这一点，①、②、③型实际上是垂直剪切运动方向的切面上常见的，其形成机制类似鞘褶皱的成因。④型晶内包裹体径迹的形成过程，Schoneveld (1977) 提出了两种模式：一种在生长速率与旋转速率比值很小时，构成这类径迹的包裹体粒度相对小，且可能具有拉长特征；在生长速率与旋转速率比值较大时，包裹体可能更自形且粒度相对较大。另一种在生长速率与旋转速率比值较大时更有利于拖尾形成，较合理地解释了带拖尾变斑晶的成因。"蜈蚣" 型通常被作为变斑晶未旋转的有力证据 (Bell et al., 1980; Vernon, 1989)，被认为是同 S_{n+1} 运动的。关于 "蜈蚣" 型晶内包裹体径迹的成因，用 Masuda 等 (1995) 对纯剪作用下绕刚性球体的黏性流体偏转的数学模拟结果，可进一步得到证实，即常在压缩应力平行晶内包裹体径迹（S_n）、应变量达 0.6 时便可形成，故其应是 S_n 变形后至同 S_{n+1} 变形或仅为同 S_{n+1} 变形的产物。值得提出的是 Masuda 等的模拟结果还可用来完美地解释①、②、③型晶内径迹及直线型晶内包裹体径迹为 S_n 变形后至 S_{n+1} 同变形幕的产物。

需要注意的是任何模式对变斑晶内包裹体径迹成因的解释，都应注意以下几点因素：观察尺度、应变量（变形程度）、应力与早期叶理的方位差、变斑晶及其晶内包裹体径迹与周边环境的联系、变斑晶种类及其生长速率等。

5.2　变斑晶晶内包裹体径迹成因模式

变斑晶晶内包裹体径迹的成因受多种因素制约。按 Williams 的建议，可将这些影响因素分为三个端元组合：①环境因素（主要指温度、压力和流体）；②变形因素（如变形机制、褶皱枢纽区、应变率或应变量、早期叶理与后期最大主应力方位差等）；③变质反应因素（如流体量、变质反应速率等）。所有这些因素都可能共同起作用，因而导致晶内包裹体径迹的复杂成因。

变斑晶的生长不是连续的而是呈阶段性生长，变斑晶的生长相是与变形相相互消长的。变形变质过程中，变形与变斑晶生长阶段的关系可总结如下：

① 变斑晶在未变形域或弱变形域成核后，晶体生长所需的物质供应充足时，晶体的生长是围绕晶核均匀生长的，可以生长出各向同性的均匀晶体，这是一种理想状态；

② 变斑晶生长仍然处于弱变形域，但变形可以影响到变斑晶生长时，变斑晶内部会出现与基质中褶劈理平行的直线型包裹体轨迹；

③ 当晶体生长超出弱变形域开始进入强变形域时，变斑晶中的包裹体轨迹发生弯曲，且与基质中的褶劈理连续；

④ 当变斑晶生长的边界与强变形域中发育的褶劈理相切时，变形限制了晶体生长所需物质的供应，使变斑晶的生长停止，完成了变斑晶的一个生长相，同时随着变形的发展，褶劈理发育成一期片理；

⑤ 当构造线方位发生变化，晚期片理置换早期片理的过程中变斑晶过剩生长，将基质中变斑晶两侧的两条片理带包入变斑晶中，在变斑晶中形成了交切的包裹体轨迹；

⑥ 随着变形的继续进行，变斑晶生长重复以上的步骤。

因此，变斑晶的生长不是连续的，而是一幕一幕的。在变形变质演化到不同阶段时，由于构造线的交替变化，变斑晶生长明显受到强变形域的限制。在不同变形变质阶段生长方向和形态不同：变斑晶在未变形域或弱变形域物质供应充足的位置继续生长，同时，由于压溶作用，强变形域还会出现晶体的溶解；变斑晶生长到达强变形域时，虽然变斑晶某一个部位的生长受到限制，但是同时随着变形的发展，透入性面理的形成和发展又为晶体下一个阶段的生长提供了物质供应的通道；当变形方位发生改变时，变斑晶生长的受限制部位和生长部位也会发生改变。上述变形分解理论和斑晶生长相理论的特征说明变质变形过程中晶体生长的行为导致变斑晶生长的不均匀性。

不仅如此，晶体生长的不同阶段所捕获的包裹体成分和轨迹排列方向也有一定的差异。同时，这些差异又是变斑晶生长阶段和形态的良好标记。通过研究变斑晶中包裹体轨迹的特征和排列规律可以恢复斑晶生长的不同阶段，从而为变形与变质相结合找到了一个很好的契机：变形变质过程中，变斑晶中的包裹体轨迹记录了变斑晶生长过程中的变形事件，不同生长阶段的变斑晶及其中的包裹体成分为变质物理化学条件研究提供了良好的样本；同时包裹体轨迹的排列规律对于判断变形过程有重要指示意义，两者结合研究使得通过微观领域研究造山带事件中的变质和变形的关系成为可能。

对于变斑晶晶内包裹体径迹成因争论，焦点集中在以下两点：

① 变斑晶旋转还是未曾旋转？因为这涉及运动学方位的判别，进而影响造山过程的恢复、造山模式的重建以及对变形机制的认识。

② 变斑晶与变形作用之间的相对时间关系的确定，从前文所述可知，不同的变斑晶晶内包裹体径迹成因模式会导致变斑晶与变形幕之间矛盾的对应关系，进而影响到 $p-T-t$ 轨迹的准确建立。根据当前变斑晶晶内包裹体径迹成因研究的现状，或许只能说变斑晶旋转与未旋转的形成模式都可能存在。Bell 等也曾指出变斑晶处于均匀介质中在单剪作用下可发生旋转，但他否认自然界具备这种苛刻的条件（图 5-2、图 5-3）。然而，李三忠等认为辽河群在第一幕单剪变形过程中厚层均匀的泥质岩层中的同变形石榴石就具备旋转所应有的条件。

由于不同成因的变斑晶晶内包裹体径迹可以具有相同的几何形态而且不同的变斑晶晶内包裹体径迹的几何形态又可能具有相同的成因。因此笔者建议对上述问题应从以下几个方面进行深入研究：

① 变斑晶晶内包裹体径迹的三维几何形态及其与外部叶理之间的几何关系（相连性、异同性等），以及变斑晶的自形程度、变斑晶之间的包裹关系。

② 变斑晶晶内包裹体径迹的包裹体成分、大小、变形特征及其与基质的关系。

③ 变斑晶形成时的应变速率、应变量、变形机制、构造作用力方向与外部叶理的初始方位等。

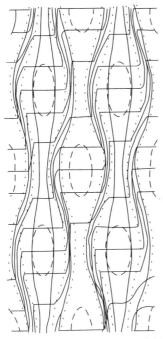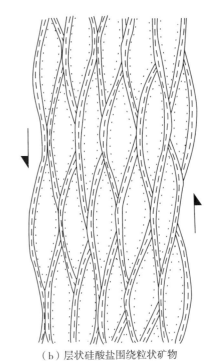

（a）非共轴递进总的非均匀缩短作用
的应变场中变形分解作用

（b）层状硅酸盐围绕粒状矿物
（石英、长石）的分布情况
（云母占据应变场中递进剪切分量的位置，
而石英、长石则占据递进缩短分量的位置）

图 5 - 2　变形分解模式（Bell）

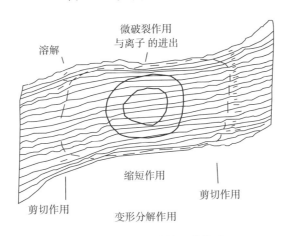

图 5 - 3　变斑晶成核生长模式

④ 变斑晶压力影的对称性、残余先存叶理、变斑晶边缘溶解现象的观察。

⑤ 同一薄片中同类变斑晶之间晶内包裹体径迹的方位、形态、包裹体类型、

变形特征的对比研究。

⑥ 不同观察尺度的分析研究。

⑦ 与变斑晶有关的各种变质反应关系对晶内包裹体径迹成因的约束。

5.3 变斑晶包裹体形迹在变质-变形作用中应用

实践证明，通过变斑晶内包裹体形迹的研究来指示变形与变质作用的关系及演化是一条有效的途径。

① 变斑晶包裹体形迹由一系列细小的变质矿物颗粒定向排列构成。它们是残留在变斑晶内早期变质作用或在变质过程中形成的变质矿物组合，其主要变质矿物的生长、消失与递进变形过程的每一个阶段与变形变质都有联系。

② 变形作用是通过变质分解和面理置换表现出来的。在剪切带中面理的多期置换是递进变形作用的形式之一。变斑晶的生长变化反映了变质变形作用演化的过程。

③ 变斑晶多期生长与区域多期变形有较复杂的对应关系。在中浅变质岩区无明显多旋回构造热事件叠加，某种变斑晶矿物主要是在二到三变形幕中形成的，但主变形幕中可以有变斑晶矿物的多阶段生长。早期区域性片理与经片理重褶、变形分解而成的片理有着本质的区别，后者往往是非透入性的、分布不均匀的，片理之间多少存在一些早期片理痕迹的不连续劈理。

④ 根据变斑晶的旋转演化可以推断该区域运动学特征。判断同构造生长的变斑晶在变形过程中是否发生过旋转，可以根据变斑晶内同构造片理与基质片理的关系、变斑晶长轴与基质片理的关系，根据变斑晶内部包裹体形迹构造面理的转换等显微结构构造现象的分析来确定。

第6章 构造带岩石变质-
变形的研究内容和方法

近年来，构造带岩石研究理论的引入和新手段、方法的应用，加之岩石变形实验的深入发展，使构造带岩石的研究内容越来越多，方法多样且逐渐完善，并取得了丰硕的成果。

6.1 构造带岩石变质-变形的研究内容

目前构造带岩石变质-变形的主要研究内容有以下几种：

1. 构造岩中矿物变形特征、构造类型和形成环境研究

根据构造岩中矿物变形微构造，定性、定量分析构造岩相带变形的应力、应变状态、温度、压力等的变化及演化史，选择适当的变形标志矿物进行有限应变测量，确定地质体的应变分布状态。根据构造带变形矿物集合体光性亚组构的变化规律，推断构造带的复合及变形历史。根据矿物变形面理组构形式与应力之间的关系，恢复其所在岩相带主压应力方位及作用方式。根据变形显微构造古应力计，估算构造岩相带变形的古应力大小（Kirby，1980）。

2. 晶体的塑性变形及流变机制的研究

晶体的塑性变形是由晶体滑移及粒间滑动引起的，在光学显微镜下表现为变形纹、变形带、扭折带、变形双晶等特征。研究单晶和多晶集合体在不同温压条件下的变形、恢复及动态重结晶的位错组态及超微结构特征，探讨断裂带主要造岩矿物滑移系、晶体塑性流变的扩散蠕变和位错蠕变形成的温度、应力、应变速率等外部条件，建立应力与应变速率及流变方式之间的关系，是构造带岩石变质-变形研究的有效方法。

3. 构造带岩石的脆—塑性转换变形机制及矿物的塑性变形序列研究

通常在剪切带的糜棱岩中，一些矿物已为塑性变形，如石英发育完好的丝带构造、核幔构造、亚颗粒构造以及动态重结晶等显微构造；而长石、角闪石还表现为脆性变形特征，以残斑形式出现，显微破裂特别发育。这种脆、塑性变形特征共存的现象是构造岩中不同矿物变形行为不一致的结果，影响因素主要有矿物

成分、压力、温度、应变速率、颗粒质以及流体的存在等，它们都是流变学研究的重要参数。因此，研究构造岩中不同矿物脆—韧性转换环境、变形机制及构造岩矿物的塑性变形序列有重要意义。

4. 岩石变质与矿物的相变研究

由于构造动力的作用，晶体的化学活动性明显增强，化学反应速率加快（孙岩等，1997），因而构造动力作用会导致化学元素发生迁移，主要表现在矿物晶体结构状态和化学成分的改变、新矿物的产生、矿物的相变。岩石变质与矿物的相变研究主要是在矿物成分的变化、亚微结构变化、动态重结晶现象的产生、矿物主微量元素在共生矿物中的分配关系及分配系数变化、矿物出溶结构和新相矿物的产生以及结晶岩石形成过程中温度、应力状态、应变速率和差异应力等因素变化方面的研究。

5. 多尺度、非均匀岩石变形研究

目前岩石变形的研究大多限于单一尺度下的均匀变形研究。由于构造地质学的研究对象具有多尺度性，使得岩石变形同样需要多尺度研究，这样才能真正将露头与微观尺度的岩石变形与宏观尺度变形统一起来，使得显微尺度、露头尺度变形能够得到更客观的理解和解释，并为解释和揭示区域造山带，乃至板块构造和大陆构造服务。目前余尚江等（2004）提出的多阶幂律数值模拟技术为解决自然界岩石变形的多尺度和非均质性问题提供了很好的思路和方法，但仍待进一步发展和完善。

6.2　构造带岩石变质-变形的研究方法

随着对构造岩的研究加深，以前一些传统方法有了改进，也产生了一些新的方法，为了让研究者方便使用，笔者在前人研究成果的基础上，将近年来常用的方法总结如下。

6.2.1　矿物的化学成分分析及矿物温压计

岩石变质的温压条件是岩石形成环境的重要记录，也是揭示构造层次的重要依据，精确的矿物化学成分分析对温压计的使用具有决定性作用。众所周知，矿物温压计只能应用于达到热力学平衡状态的矿物组合，其必要条件至少包括：①矿物颗粒之间平直接触，也可互相交叉生长；②岩石中的同类矿物不同颗粒的化学成分应当相同，且同一种矿物颗粒的成分均匀；③矿物中存在规律性的化学成分环带，矿物边部之间指示其成分达到平衡。若岩石中保留明显的反应结构，应

指示其经历了不止一个世代的变质作用，而岩石没有达到总体上的热力学平衡。其中，某个世代的矿物组合也可达到和保持局部平衡（吴春明，2013）。

目前，电子探针定量的矿物化学成分分析是温压评价的最佳途径和依据。地质温度计的使用和匹配有严格的限制，如矿物结构式、元素摩尔浓度等，温压计的合理选择是准确的温压评价的重要前提。电子探针矿物结构分析（BSE 分析）、矿物化学成分分析以及矿物化学元素分布分析（X-Ray Mapping 分析）等是筛选、确定最优的矿物成分对，进行精确的温压计算的主要分析方法。

1. 矿物内部结构分析（BSE 分析）

在电子探针分析中，元素原子序数（Z）差异通常以电子背散射图像（BSE）中矿物颜色的亮暗表现出来，原子序数越大颜色越亮；反之越暗（图 6-1）。通过对矿物内部结构分析，直观地显示矿物成分的均匀度［图 6-1（a）］及其环带特征［图 6-1（b）］，为准确的矿物对匹配及温压计算提供科学依据。

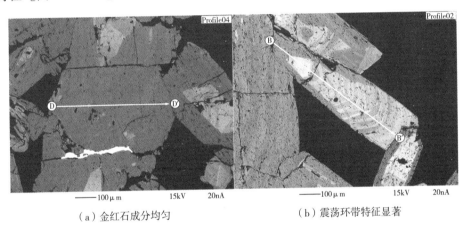

（a）金红石成分均匀　　　　　　（b）震荡环带特征显著

图 6-1　蚌埠小红山金红石电子背散射图像（BSE）分析（王娟等，2018）

2. 矿物化学成分分析

矿物化学成分分析是温压计算的基础，通过不同矿物的成分剖面数据，可进一步、直观地观测矿物各元素的变化趋势［图 6-2（a）、（b）］及其具体分类［图 6-2（c）、（d）］。如果某岩石中的矿物（如 Grt、Amp 等）存在明显的环带特征，则指示其存在多期变质作用叠加的可能，仅在矿物接触边部达到化学平衡。在进行温压计算时，需要充分考虑矿物成分和矿物对的匹配，以此减小温压计算时的计算误差和系统误差。

3. 矿物化学元素分布分析（X-Ray Mapping 分析）

电子探针 X-Ray Mapping 分析是探讨和揭示矿物内部元素分布特征及其指示意义的重要方法之一。通常，X-Ray Mapping 分析以色彩浓度的大小表示相对含

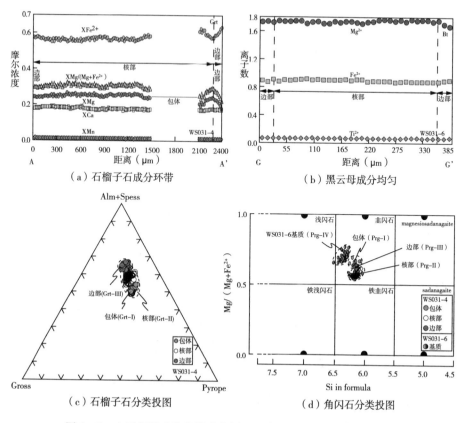

（a）石榴子石成分环带　　　　　（b）黑云母成分均匀

（c）石榴子石分类投图　　　　　（d）角闪石分类投图

图 6-2　电子探针矿物化学成分剖面及成分投图（王娟等，2016）

量的高低，如颜色越鲜艳含量越高；反之越低（图 6-3）。结合上述成分剖面分析，我们可以更加准确地判断矿物的世代信息，为精准的温压计算提供坚实的科学支撑。如图 6-3a 所示，石榴子石（Grt）中 Mg 含量自核发部至边部逐渐降低，与其接触矿物（Amp）自核部至靠近石榴子石一侧逐渐升高，揭示二者之间存在 Mg-Fe 交换。然而，基质中斜长石（Pl）内 Ca 的成分十分均匀［图 6-3（b）］。综上所述，在矿物对匹配时，需选择各矿物中幔部成分均匀的区域作为峰期变质条件的矿物组合；极边部的成分交换区域则指示了晚期退变质的矿物组合特征；矿物核部（如 Grt）内包体的矿物组合则代表了早期进变质的矿物组合。

　　4. 常用的矿物组合及温压计

　　岩石温压条件的精确评估，除了与岩石矿物化学成分的准确获得、矿物对的精准匹配相关之外，在众多的地质温压计中如何合理地选择、应用，是矿物温压条件评价的决定性因素。矿物种类简单或某个变质阶段的矿物组合内简单的变质岩石（如黑云斜长片麻岩、长英质糜棱岩、不纯大理岩等），经多期变质作用叠

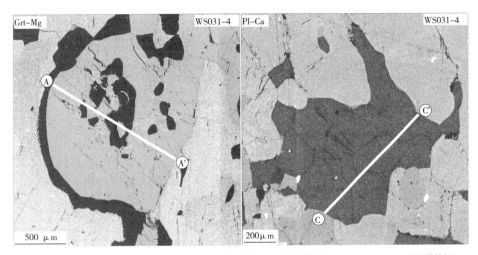

（a）石榴子石Mg X–Ray Mapping，具有一定程度的成分环带　　（b）斜长石Ca X–Ray Mapping，无环带特征

图 6 - 3　电子探针矿物 X－Ray Mapping 分析（王娟等，2016）

加且前一期矿物组合被后期变质作用改造等情况下，往往也很少有十分合适的地质温压计（吴春明，2013）。故此，在变质温压条件评价中，我们更加倾向于寻找矿物组合相对丰富的超基性、基性变质岩进行分析。下文将列举常用的 3 大类型，共 16 组地质温压计（或温度计），所有矿物均需进行结构式计算和 Fe^{3+} 校正，其中地质温压计应用中的注意事项与存在问题等参见吴春明（2013）。

（1）含石榴子石的温压计

① GOPQ：石榴子石-斜方辉石-斜长石-石英温压计；

② GCPQ：石榴子石-单斜辉石温度计和石榴子石-单斜辉石-斜长石-石英压力计；

③ GHPQ：角闪石-斜长石温度计和石榴子石-角闪石-斜长石-石英压力计；

④ GBPQ：石榴子石-黑云母温度计和石榴子石-黑云母-斜长石-石英压力计；

⑤ GMPQ：石榴子石-白云母温度计和石榴子石-白云母-斜长石-石英压力计；

⑥ GOP：石榴子石-橄榄石-斜长石温压计；

⑦ GOC：石榴子石-单斜辉石压力计和斜方辉石-单斜辉石温度计；

⑧ GB：石榴子石单矿物压力计和石榴子石-黑云母温度计。

（2）不含石榴子石的温压计

① HPQ：角闪石-斜长石（-石英）温度计和角闪石-斜长石-石英压力计；

② C（O）PQ：单斜辉石-斜长石-石英压力计和斜方辉石-单斜辉石压力计；

③ Hbl：角闪石单矿物温压计。

（3）矿物对或单矿物温度计

① Mus－Bt：黑云母-白云母温度计；

② Bt－Hbl：黑云母-角闪石温度计；

③ Pl－Kfs：二长石温度计；

④ Ms－Ti：白云母 Ti 温度计；

⑤ Bt－Ti：黑云母 Ti 温度计。

综上，在具体研究过程中，需要充分考虑不同岩石类型中矿物之间的化学平衡状况及不同变质阶段的特定矿物组合。通过扎实精细的显微观测、精准的矿物化学成分及矿物内部结构分析、准确的矿物成分对匹配，科学选取最佳的地质温压计（或温度计）进行温压条件评价，其结果必定准确可靠。

6.2.2　分维法计算矿物变形温度

分形这一概念自引入地质学科以来，已作为一种简单而实用的工具被广泛应用于地质学各分支领域，但用于确定韧性变形岩石变形温度和应变速率的研究实例却不多。分形即一个粗糙或零碎的几何形状，可以分成数个部分，并且每个部分都近似为几个整体缩小后的形状，即相似性，分形的程度可以通过分维数 D 值来衡定。韧性剪切带变形岩石中动态重结晶石英颗粒边界形态具有自相似性，即表现出分形特征。不同变质程度的石英颗粒其分维数 D 值为 1.05～1.30。在岩石的变质变形研究中，动态重结晶石英颗粒边界的分形维数随着颗粒边界形成温度的升高而减小，随着应变速率的增加而增大，可以作为韧性变形温度及应变速率的标度计（Kruhl et al.，1996）。

① 当 $D=1.23～1.31$ 时，变质相为低绿片岩相，变质温度为300℃～400℃；

② 当 $D=1.14～1.23$ 时，变质相为高绿片岩相到低角闪岩相，变质温度为490℃～540℃；

③ 当 $D=1.05～1.14$ 时，变质相为麻粒岩相及同构造花岗岩相，对应的变质温度为 650℃～750℃（图 6－4）。

分维数是定量表示自相似性的随机形态的现象最基本的量，是分形几何学中的一个十分重要的参数。其计算方法有很多，常用的测量方法主要有：封闭折线法、面积-周长法和数盒子法。

1. 封闭折线法

封闭折线法是利用一定边数的多边形来拟合不规则、复杂的曲线图形。主要针对动态重结晶的石英颗粒，假设多边形的边长为 r，测量多边形的周长 L，如果 L 和 r 遵循幂次定律 $L=r-D$，则说明动态重结晶石英颗粒边界的形态是分形

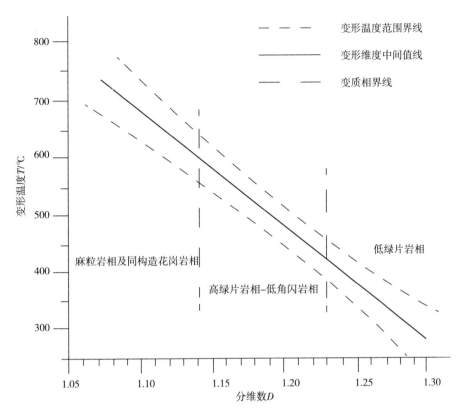

图 6-4　分维数与变形温度的对应关系（Kruhl et al.，1996）

分布的。作 L 和 r 的双对数图，两者之间拟合直线的斜率即为分维数 D 值（Kruh et al.，1996；王新社等，2001）。

2. 面积-周长法

与封闭折线法思路相同，面积-周长法是通过不规则动态重结晶石英颗粒的周长与和石英颗粒等面积圆的直径相比较来确定分维数的。对于重结晶石英颗粒，在显微镜下拍摄显微照片，在显微照片上测定石英颗粒边界的真实周长 P 以及颗粒的面积 A。通过 A 计算出与石英颗粒具有相同面积圆的直径 d。对 P 和 d 进行统计测量，以真实周长的对数 $\lg P$ 为纵轴，粒径的对数 $\lg d$ 为横轴，将所有测量数据投影到双对数图上，对投影点进行最小二乘估计来拟合成一条直线，所得直线的斜率即为分维数 D 值（王新社等，2001；吴小奇等，2006）。

3. 数盒子法

数盒子法是测量和计算分维数的传统方法，其基本原理为：用尺度为 X 的盒子去覆盖不规则图形，并统计盒子数 N，然后将尺度 X 和盒子数 N 投影到双

自然对数图上或将 $\ln N$ 与 $\ln X$ 投影到普通坐标上，最后对投影点利用线性回归方法拟合成一条直线，所得直线斜率即为分维数 D（梁东方等，2002）。

由于数盒子法得出的投影点较为分散，并且相对来说不是很敏锐，所以这种传统的方法现在应用比较少，更多的是利用封闭折线法和面积-周长法，平面内几何对象的分维数值应该为 $1\sim2$。

6.2.3　石英组构测温

糜棱岩是岩石在塑性状态下发生连续变形的结果，是在一定应力和温度条件下，通过剪切带内岩石的塑性流动或晶内变形完成的，一般有一种或几种造岩矿物发生塑性变形，且这种塑性变形是通过矿物的晶质塑性变形实现的，石英就是最容易发生塑性变形的矿物之一。前人研究表明石英 C 轴组构特征与韧性剪切带变形变质条件是密切相关的（Kruhl，1996；Stipp et al.，2002；许志琴等，2001）。为此，通过统计、分析晶格优选方位，不仅可以确定韧性剪切带的韧性剪切方向，还可以估算韧性剪切带的形成温度。

1. 石英的滑移系与组构

石英的滑移系很多，大体可以分为底面滑移、菱面滑移、柱面滑移（Passchier et al.，2005）。不同温度下不同的滑移系起着主导作用，而不同的滑移系在剪切作用下会产生不同的石英晶格优选方位，导致不同的石英光轴定向排列，产生不同的石英 C 轴组构特征。其中底面滑移中石英 C 轴组构中光轴优选方位（LPO）形成的点极密主要位于边缘位置，柱面滑移中点极密主要位于中心位置，菱面滑移中则位于边缘与中心的中间位置。通过测量岩石石英 C 轴组构中LPO 的分布情况，可以获得石英滑移系的活动情况，进而推测岩石的变形温度和剪切指向。

常见的石英组构包括：

① 低温底面组构：形成温度低于 $400℃$，滑移系为 $\{0001\}$，<C>轴极密区位于应变椭球体 Z 轴附近。

② 中低温菱面组构：形成温度为 $400℃\sim550℃$，滑移系为 $\{1011\}$，<C>轴极密区位于 Y 轴与 Z 轴附近。

③ 高温柱面组构：形成温度为 $550℃\sim650℃$，滑移系为 $\{1010\}$，轴极密区位于 Y 轴附近。

晶体初始结晶学方位对动态重结晶作用具有重要影响。在动态重结晶过程中，利于晶内滑移的颗粒最容易发生晶内塑性变形和重结晶。Gleason 等在 1993 年通过石英共轴压缩变形实验发现，膨凸动态重结晶时不利于底面<a>和柱面<a>滑移的石英颗粒生长，形成与最大主压应力方向一致的极密，而有利于底面和柱面滑移的颗粒发生重结晶。亚颗粒旋转动态重结晶时，新形成的晶粒继承了原有晶体的定向，并继续发生位错滑移进一步改变晶格方向。颗粒边界迁移重结晶时，重结晶的晶体与其晶格方向无关，即不倾向于特定取向的晶体，因此新结晶的颗粒晶格优选方位与未结晶的颗粒相同。但 Heilbronner 等在 2006 年的实验显示，在亚颗粒旋转和颗粒边界迁移动态重结晶阶段未完全动态重结晶时，斑晶的晶格优选方位与重结晶颗粒的晶格优选方位不同，意味着动态重结晶优先发生在有利于位错滑移的晶体内。Takeshita 等（1999）通过对天然变形发生亚颗粒旋转和颗粒边界迁移动态重结晶石英岩的研究也得出类似的结论：利于滑移的颗粒发生动态重结晶，不利于滑移的颗粒变形弱甚至不变形，但逐渐被利于滑移的颗粒消耗掉。

2. 秦岭伏牛山构造带的石英组构

秦岭伏牛山构造带位于东秦岭的北侧，与华北板块衔接，是变形最强烈的地区之一，其变形是扬子和华北两大板块俯冲、碰撞及陆内造山作用的结果。选择伏牛山构造带 30 个长英质糜棱岩定向标本，沿垂直于面理、平行于线理（XZ面）方向磨制薄片，利用 EBSD 进行了石英 C 轴组构分析，认为伏牛山构造带的特征如下：

① 因极密值的大小与岩石的应变量大小相对应，所以最大极密值反映了岩石的变形强度。岩石变形越强，石英 C 轴极密值就越大，极密不明显的岩石变形则很弱。近断裂带石英 C 轴极密值有逐渐增大的趋势表示近断裂带变形强，反之远离断裂带变形渐弱（图 6-5）。

② 小圆环带的发育表明不同位置的石英具有不同的滑动，反映出构造带不同位置的变形温度不同。在东部的石英以菱面<a>和柱面<c>滑移系共存为特点，对应温度为 400℃～650℃。西部也有柱面<c>滑移系，对应温度高于＞600℃，但以底面<a>和菱面<a>共存滑移系为主，对应温度为 400℃～550℃，反映出伏牛山构造带东部的变形温度高于西部。

伏牛山构造带北侧分布着大量花岗岩体，岩性相对均一，岩石力学性质相近，利用石英 C 轴组构进行构造方面的分析，结合区域背景、宏观构造等特征，可为造山带构造演化提供重要信息。

6.2.4　差异应力的估算

在不同地质的演化过程中，往往伴随着各种地质应力的相互作用，同时在不同矿物中留下相应显微构造痕迹。而古应力值的估算对恢复变形构造层次、成矿深度测算等方面具有参考价值。地质学中对古应力值的研究源于 20 世纪中期对塑性金属流变学的研究，金属物理学家们发现，在金属的塑性流体流动过程中，

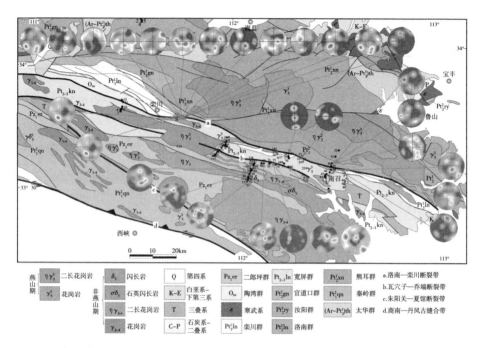

图 6-5　秦岭伏牛山构造带石英 C 轴组构采样位置及组构图（任升莲等，2013）

当达到稳态流动阶段时，变形金属晶体所形成的显微构造特征，如位错密度、亚颗粒大小及重结晶颗粒大小与稳态流动应力呈函数关系，而与温度、压力等因素关系不大（胡玲等，2009）。随后这一理论被引入地质学，并对橄榄石、石英、方解石等不同矿物进行大量相关实验，确立了一些构造变形参数与外施差异应力之间的定量关系及相应关系式。显微构造的研究随之进入定量化阶段。

　　在此背景下，也出现了大量对古应力差值进行计算的方法，如位错密度法、亚颗粒法、动态重结晶新晶法、机械双晶法（Jamison and Spang，1976）等。具体估算原理及方法如下。

　　1. 位错密度法

　　自由位错密度（ρ）与差异应力（$\sigma_1 - \sigma_3$）具有强烈的相关关系，其中一种模式认为，应力作用在物质上，必然引起晶内位错增值（Nicolas and Poirier，1976）。Durham（1977）把变形实验中的橄榄石、石英、方解石与其他 33 种金属、合金和电解盐资料进行了对比，发现位错密度与差异应力之间呈同样的线性关系，其关系式为：

$$\sigma_1 - \sigma_3 = \alpha\mu\boldsymbol{b}\rho^u \qquad (6-1)$$

式中：α 为材料系数；μ 为晶体的剪切模量（单位为 Pa 或 MPa）；$\boldsymbol{b}$ 为位错的伯

格斯矢量（单位为 cm）；u 的理论值为 0.5（Weathers et al.，1979），但测量值为 0.45～3.33。其中 μ 和 $\boldsymbol{b}$ 仅通过温度产生很小的变化，因此位错密度与差异应力之间呈很好的线性关系。

具体统计位错密度的方法有：

（1）单位面积内位错条

通过光学显微镜拍照，统计每张照片的位错条数，同时与相应照片面积相比，即得出单位面积内位错条。

（2）单位体积位错总长度

假设位错方向随机，则薄片体积重位错线真实长度为：

$$R_{(平均)} = 4R_\rho / \pi \tag{6-2}$$

因此位错密度 ρ 为：

$$\rho = 4R_\rho / \pi A t \tag{6-3}$$

式中：$R_{(平均)}$ 为位错线的平均真实长度，A 为面积，t 为厚度，R_ρ 为位错总长。

2. 亚颗粒法

由位错密度与差异应力的关系可以导出亚颗粒与差异应力之间的关系（Kohstedt et al.，1980）：

$$\sigma_1 - \sigma_3 = k\mu\boldsymbol{b}d^{-1} \tag{6-4}$$

式中：k 为无量纲常数；d 为亚颗粒大小，单位为 μm。

目前，最方便、准确、快捷统计亚颗粒的方法为：通过光学显微镜拍照，在照片上利用 Photoshop 等具有相应功能的软件对亚颗粒进行勾勒，统计周长，同时利用软件自身功能计算出等面积圆的粒径 d，进而代入公式得出差异应力的大小。

3. 动态重结晶新晶法

动态重结晶新晶（D）可以反映重结晶大小，Twiss（1976）利用石英在高温条件下进行动态重结晶实验可以得出其与差异应力之间的关系，即

$$\sigma_1 - \sigma_3 = AD^{-m} \tag{6-5}$$

式中：A、m 均为常数。不同矿物 A 值不同，当单位为 mm 时，石英为 6.1、橄榄石为 14.6、方解石为 7.5；当单位为 μm 时，石英为 5.56。而 m 则为常数 0.68。

动态重结晶新晶法的测量方法与亚颗粒法相同，但测量对象变为动态重结晶新晶，此外利用这两种方法进行差异应力估算时必须注意岩石应具备足够的应力强度和温度条件以达到稳定流变状态，野外常选取糜棱岩为研究对象，如果颗

粒粗大，变形较弱，那么估算的应力就不够准确了。

4. 机械双晶法

通常在岩石变形过程中，受剪应力在双晶面上控制，机械双晶就会形成，根据矿物自生性质，常用方解石、白云石的机械双晶来估计古应力值。Jamison 和 Spang（1976）在对比实验及天然条件下，双晶面上的分解剪应力（τ_r）和差应力的关系为：

$$\tau_r = (\sigma_1 - \sigma_3)\, \cos x_1 \cos y_1 \qquad (6-6)$$

式中：x_1、y_1 分别为最大主应力与双晶面极点及滑动方向的夹角，$\cos x_1 \cos y_1$ 为分解剪应力系数，可记为 S_1。

当 τ_r 等于临界分解剪应力值 τ_c 时，双晶开始滑动。产生双晶的临界差值为：

$$\sigma_1 - \sigma_3 = \tau_c / S_1 \qquad (6-7)$$

式中：τ_c 为常数，可由实验确定。而 S_1 可由图 6-6 中的曲线来确定。此方法适用于极低温、低应变颗粒相对均一、粗大且无先存优选方位时计算古应力差值，而不适用于强烈变形的岩石计算古应力差值。

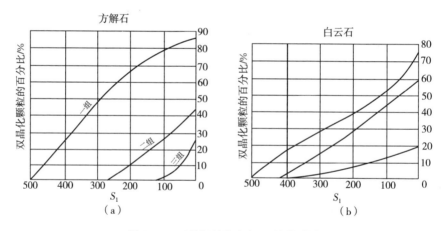

图 6-6　双晶组的发育与 S_1 的关系图

(Jamison and Spang，1976)

6.2.5　应变速率计算

在韧性剪切带研究中，多利用高温流变律法和 Takahashi 分形法来推导应变速率。其中高温流变律法是通过石英岩的实验高温流变律法来推导应变速率，一旦差异应力和温度确定，就可以推算出岩石糜棱岩化过程的应变速率（Hacker et al.，1990）。石英岩的高温流变律为：$\dot{\varepsilon} = A\sigma^n \exp[-Q/RT]$，式中：$\dot{\varepsilon}$ 为应变速率，单位为 s^{-1}；A 为实验参数，单位为 MPa^{-1}·s^{-1}；σ 为差异应力，单位为 MPa；Q 为活化能，单位为 J·mol^{-1}；T 为温度，单位为 K；理想气体常数 $R=$ 8.314J·K^{-1}·mol^{-1}；d 为矿物粒径，单位为 μm；n 为应力指数，不同学者给出的实验参数不同（表 6-1）。

表 6-1　石英岩高温流变参数统计表

A	Q	n	H$_2$O	参考文献
4.40×10^{-2}	230946.2	2.6	湿	Parrish et al. （1976）
1.58×10^{-5}	134000	2.6	0.40%	Kronenberg and Tullis （1984）
5.05×10^{-6}	145000	2.6	湿	Koch et al. （1989）
6.50×10^{-8}	135000	2.6		Paterson and Luan （1990）
1.10×10^{-7}	134000	2.7	干	Koch （1983）
6.30957×10^{-12}	134000	4		Hirth et al. （2001）

Takahashi 分形法是 Takahashi 等（1998）通过大量实验研究表明重结晶石英新晶形态具有统计学上的自相似性，当温度恒定时，分维数随应变速率的增加而增大；在应变速率不变时，石英新晶形态的分维数随温度的降低而增大。由此可见，分维数随变形条件而发生系统变化，所以可以作为一组变形条件的指示计。Takahashi 等（1998）把分维数 D、变形温度 T（单位为 K）和应变速率 ε（单位为 S^{-1}）联系起来，通过最小二乘法线性拟合得到公式：$D=\varphi\lg\varepsilon+\rho/T+1.08$，式中，$\varphi$ 和 ρ 均为实验参数，其中 $\varphi=9.34\times10^{-2}$ [lg （S^{-1}）] -1，$\rho=6.444\times10^{2}$K；S 为时间，单位为 s；T 为温度，单位为 K。

6.2.6　运动学涡度计算与韧性剪切类型分析

韧性剪切带作为深层次构造活动中岩石变形的主要形式，其研究内容在构造地质学中具有极其重要的意义。剪切类型的判定对研究韧性剪切带的形成机制具有重要的指示作用，纯剪切和简单剪切是构成剪切类型的两个端缘。理想状态下，韧性剪切是简单剪切作用的结果，变形前后宽度和体积保持不变，但这忽略了运动过程中的纯剪切组分。而在实际情况中，韧性剪切活动通常为简单剪切和纯剪切复合作用的一般剪切。一般剪切可划分为亚（次）简单剪切和超简单剪切。亚（次）简单剪切是指应变的旋转分量小于同等强度简单剪切旋转分量的剪切。超简单剪切是指应变的旋转分量大于同等强度简单剪切旋转分量的剪切。判定韧性剪切活动的主剪切类型，即纯剪切和简单剪切两个端缘在一般剪切中所占的比重，主要是通过研究发生韧性变形岩石的运动学涡度 W_k 来进行的。运动学涡度是目前分析、验证剪切属性有效的重要参数，也是较全面准确地刻画剪切带的变形机制与类型的重要因素。

涡度的概念来源于流体力学，是某一种运动形式所拥有的旋转量。在构造地质学研究中，运动学涡度 W_k 主要应用于应变非共轴程度的确定，为一个无量纲的纯数值，通常表示为 $W_k = \cos\alpha$，其中 α 为变形介质中两特征向量（非旋转方向）或流脊间夹角。对于实际情况下韧性剪切带中发生的一般剪切而言，W_k 介于 0 到 1 之间：当 $\alpha = 90°$ 即 $W_k = 0$ 时，剪切类型完全为纯剪切；当 $\alpha = 0°$ 即 $W_k = 1$ 时，剪切类型完全为简单剪切。而当简单剪切和纯剪切作用结果相等时，W_k 并不是 0.5，而是 0.71~0.75（Law et al.，2004）。所以，韧性剪切活动具有纯剪倾向效应。另外，在总体均匀变形、无体积变化和平面变形的条件下，只要涡度与应变速率之比恒定，运动学涡度也可根据主应力方向求得，即 $W_k = \sin2\xi$。其中，ξ 为最大主应力轴 σ_1 与剪切带法线的夹角。

运动学涡度 W_k 的测量计算方法有多种，例如刚性颗粒网法、有限应变法或石英 C 轴组构法、极摩尔圆法等，但大多数方法需要以应变椭球的长短轴比（R_s）和长轴与剪切带边界的夹角（θ）为基础。

1. 刚性颗粒网（RGN）法

本方法为临界形态因子法的一种，其他几种分别是 Passchier 图示、Wallis 图示和双曲线网（PHD）。韧性剪切带在发生剪切变形时，其中的刚性颗粒（长石变斑晶）的取向主要取决于剪切带的运动学涡度 W_k 和颗粒的形态因子 B。计算形态因子 B 的公式为：

$$B = (R - 1/R) / (R + 1/R) \tag{6-8}$$

式中：R 为刚性颗粒变形后最长轴（x）和最短轴（z）之比。

本方法主要是对韧性剪切变形的糜棱岩类岩石选定 XZ 面进行切片，客观测量记录 XZ 面上的刚性颗粒（长石变斑晶）的长轴取向（长轴与剪切面的夹角）和长、短轴长度 x、z（大约 40~80 组），并计算二长比 R_{xz}，根据上述公式导出 B。之后根据测量计算结果，采用直角坐标对结果进行投图（图 6-7），其中，纵坐标为刚性体长轴取向，以剪切指向为准，顺向倾斜的锐角为正，逆向倾斜者为负，横坐标为形态因子 B。当刚性颗粒长轴取向从随机分布突然变至优选分布时的形态因子 B 便是临界形态因子（$B*$），这也代表了剪切带的运动学涡度。此方法不需要判断刚性颗粒的旋转方式，从而避免了人为主观判断可能带来的失误。因为假定所测的变斑或碎斑为理想的刚体，而实际的变斑或碎斑在变形过程中多少有些变形，变形过程中二长比的增大或减小都会影响所测定的运动学涡度。

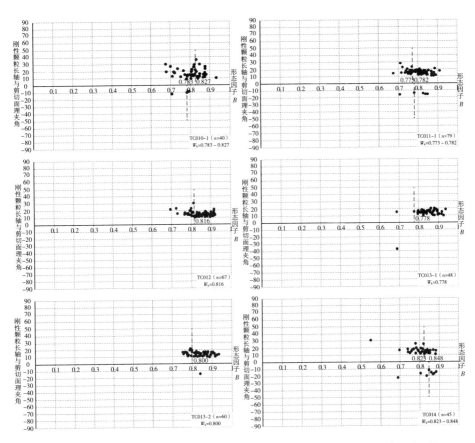

图 6-7　桐城地区韧性剪切带刚性颗粒网（RGN）图解（Jessup et al.，2007）

2. 有限应变法

本方法是在刚性颗粒的有限应变测量的基础上，结合数学计算法，求得发生韧性剪切变形岩石的运动学涡度。首先要获得有限应变的两个重要参数：①在岩石线面理所形成的 XZ 面上切片，测量变形标志体的长轴和短轴长度 x、z，求得轴比 R_{xz}；②长轴与剪切方向之间的夹角 β。每组数量 50～80 个，之后通过式（6-9）求得糜棱岩带中的运动学涡度。

$$W_k = \sin\{\arctan[\sin 2\beta/[(R_{xz}+1)/(R_{xz}-1)-\cos 2\beta]\}$$
$$\times[(R_{xz}+1)/(R_{xz}-1)] \tag{6-9}$$

3. 极摩尔圆法

常规应变摩尔圆仅适用于共轴应变分析，而由长度比摩尔圆转化而来的极摩尔圆可应用于共轴与非共轴应变分析，并为求取特征向量夹角提供了方便。极摩尔圆法是目前计算运动学涡度最为精确的方法，其原理是将韧性变形看作是物质线拉升和旋转分量共同作用的结果，根据运动学涡度的最初定义 $W_k = \cos\nu$，只要求得两特征向量之间的夹角 ν，就可以得到韧性剪切变形的运动学涡度。

具体的操作步骤也是以二维有限应变测量为基础，对韧性剪切带中的岩石的 XZ 面进行切片，对其中的矿物变斑晶的长、短轴长度以及与剪切方向夹角进行测量并记录 x、z 和 α。根据所得参数建立极摩尔圆（图 6-8）：

① 设 O 为坐标原点，作直线 $O1R_s$（$O1$ 和 OR_s 分别是单位长度 1 和应变椭球轴比（R_{xz}），并以 $1R_s$ 为直径作圆，即为所求极摩尔圆；

② 自 R_s 点作 R_sO'，使之与直线 $O1R_s$ 的夹角为 α，直线 R_sO' 与极摩尔圆的交点就是第二特征向量（ζ_2，0）；

③ 由坐标原点 O 过点（ζ_2，0）的直线则是参考轴，它与实际空间中的剪切面垂直，参考轴与极摩尔圆的另一个交点为第一特征向量（ζ_1，0）；

④ 从点（ζ_2，0）向摩尔圆一侧作参考轴的垂线，其与摩尔圆的交点为 S_0；

⑤ 连接 S_0 与点（ζ_1，0），此时 $\angle$（ζ_1，0）S_0（ζ_2，0）即为两特征向量之间的夹角 ν，最终根据公式即可求得运动学涡度。另外，根据极摩尔圆的建模原理可知，（ζ_1，0）和（ζ_2，0）的相对位置可以判定剪切带的剪切性质和剪切厚度的变化：当 $\zeta_1 > \zeta_2$ 时，剪切带为减薄型韧性剪切带；反之为增厚型韧性剪切带。

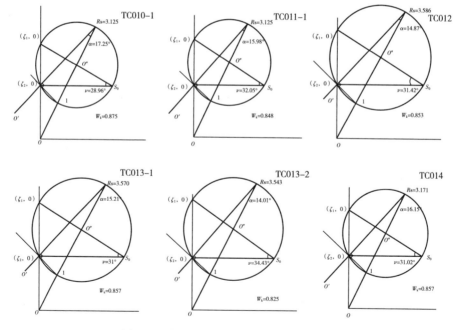

图 6-8　桐城地区韧性剪切带极摩尔圆图解

对于韧性剪切带运动学涡度的计算以及剪切类型的分析，上述三种方法最为常用，且测量计算精确度高。除此之外还有石英斜交面理法、张裂脉纤维法、无旋线夹角法等，此处不再一一介绍。下面以桐城地区出露的韧性剪切带为例，根据野外宏观构造特征和镜下微观变形特征对糜棱岩带分层并采样，运用本节中着重介绍的 3 种涡度计算方法，对韧性剪切运动学涡度进行研究，结果见表 6-2 所列。

表 6-2 桐城地区韧性剪切带运动学涡度分析数据

层号	样品号	有限应变法			极摩尔圆法			
		R_{xz}	B（弧度）	涡度 W_k	R_s	$\alpha/°$	$\nu/°$	涡度 W_k
①	TC010-1	3.125	0.301	0.820	3.125	17.25	28.96	0.875
②	TC011-1	3.125	0.279	0.833	3.125	15.98	32.05	0.848
③	TC012	3.586	0.260	0.830	3.586	14.87	31.42	0.853
④	TC013-1	3.570	0.265	0.837	3.570	15.21	31	0.857
	TC013-2	3.543	0.244	0.808	3.543	14.01	34.43	0.825
⑤	TC014	3.171	0.282	0.835	3.171	16.15	31.02	0.857

刚性颗粒网（RGN）法计算投图（表 6-2，图 6-7）结果显示糜棱岩带各层岩石的运动学涡度分布范围为 0.773～0.848；有限应变法计算（表 6-2）得到剖面运动学涡度所测结果为 0.808～0.837；极摩尔圆法（表 6-2，图 6-8）测得糜棱岩带各层两特征向量夹角 ν 的值为 28.96°～34.43°，运动学涡度分布范围为 0.825～0.875。

可见，三种方法得到的运动学涡度均大于 0.75，具有很好的一致性，说明桐城地区韧性剪切带是以简单剪切为主的一般剪切型。根据极摩尔圆所示的结果（图 6-8）来看，所有的 $\zeta_1 > \zeta_2$，这表明此韧性剪切带在活动时发生了减薄过程。推测本期走滑剪切活动的区域应力场表现为斜向挤压作用，与走滑方向之间有很小的夹角，导致了大规模的走滑活动以及垂直方向上很小的挤压分量。

6.2.7 剪切带位移量的计算方法

自 1979 年西班牙巴塞罗那第一次国际韧性剪切带会议以来，韧性剪切带不仅作为地壳深部变形的重要形式受到普遍重视，而且一直被认为是研究最全面、最深入和最详尽的构造带，对韧性剪切带位移量的研究是其中研究最多的内容之一。对于剪切带位移量的确定，一直是构造领域的研究热点和难点。国内外学者提出了很多剪切带位移量的计算方法，且针对不同地区的地质体，采用不同的研究方法，例如：

1. 平衡剖面法

假定在一个滑脱面上的变形过程中剖面的面积是守恒的，并据此估算出了滑脱面的深度；假设滑脱面的深度是已知的，面积守恒的技术反过来用于计算造山带的缩短作用，利用长度平衡法即可计算滑脱面的位移量，这种方法是假定在平面应变和纯剪切变形中，且忽略构造压实作用和压溶作用产生的误差的前提下进行估算的。

2. 数学方法

Ramsay 和 Huber（1984）提出应用数学方法来计算剪切带的总剪切量，即 $S=\int_0^x \gamma \mathrm{d}x$，$\gamma$ 代表剪应变，x 表示距剪切带一边的距离，这个积分值是求出剪切量 γ 对距离 x 曲线下方的面积即剪切带总位移量。一般的函数都是未知的，都是用方格纸来测量曲线的闭合面积以此代表位移，这种方法适用于简单剪切变形的剪切带。自然界不存在简单剪切变形和纯剪切变形，所以在一般情况下，以简单剪切变形（$W_k > 0.75$）为主的剪切带都可以利用数学方法来估算剪切位移量（赵仁夫等，2000；韩建军等，2015；李海龙等，2017）。

具体方法：在野外横穿剪切带的露头中统计性测量变形岩石中的 S-C 组构夹角 θ，根据剪切带内面理和剪切带边界间夹角确定横过剪切带不同点位的剪应变 $\gamma(\gamma = 2/\tan2\theta)$，作 γ-x 曲线图，利用方格测量曲线与 x 轴的面积即为剪切带的位移量。

3. 图解（集成）法

横过剪切带剖面，利用各点上的剪应变 $\gamma = \tan\Phi$ 反算出角应变 Φ，根据 Φ 角在各个点上绘出方位线，最初的方位线垂直于剪切带，然后用图解法将 Φ 余角方向用圆滑曲线连接，即可确定剪切带总位移量，这种方法适用范围较广。

4. 地质方法

利用层面、岩性界面、脉岩等先存标志的偏转进行位移量计算，这种计算直观、简单，可直接用于计算，但在地质要素不全的情况下难以计算剪切带总位移量，在剖面上所计算的是垂直位移量，在平面上所计算的是水平位移量。

由于剪切带位移量计算方法比较多，且各有相应的使用条件，所以在计算剪切带位移量时，要根据不同地区、不同地质特征和多种方法验证，综合选择相应的方法。为了保证计算的可靠性，一般会选择两种以上且符合计算条件的计算方法对同一个韧性剪切带的位移量进行计算。

6.2.8　古应力场恢复

在研究地质演化过程中，对脆性变形的研究十分重要，尤其是在造山作用过程中。对遭受脆性变形（断裂作用）的岩层进行构造应力恢复是进行地壳构造变形历史和动力学研究的重要手段之一。而且，用脆性变形来研究某一地区的构造变形历史不同于塑性变形，塑性变形依赖于过多的参数（温度、压力、各向异性等），不能与构造应力简单关联。脆性变形的表现形式多种多样，有大到上百公里的断裂、剪切带，也有小到厘米级甚至毫米级的节理、岩脉或矿脉以及缝合线构造。构造应力场研究是一个由点及面的过程，一般来讲，先确定研究区域各点应力状态（应力方向和大小），再探究整体区域不同构造活动时期构造应力分布。对于应力场的恢复，主要包括时间、方向、大小。

　　时间主要是在生物化石与同位素年龄资料相结合的基础上，进行不同地质时期构造形变次序研究，进而确定不同构造应力状态的相应时代。方向是结合区域地质背景，利用各种不同构造形变，确定特定时期构造应力的作用方向，即三个主应力轴方位。20 世纪 70 年代末，随着新方法和新技术的应用，定量问题取得众多可喜成果，构造应力场研究进入一个新阶段，在能确定构造应力方向的基础上，古构造应力大小也能半定量地估算。现在可以用来估算构造应力值的方法有数学解析法、方解石和白云石的机械双晶法、在透射电镜下观察晶体内位错密度、动力重结晶颗粒大小与亚颗粒大小等。

　　研究不同地质时期构造应力方向的一种重要方法就是利用诸如节理、擦痕及褶皱等各种地质构造形变痕迹进行反推，这种方法不仅适用于确定现今的构造应力方向，而且更适用于确定地质历史时期的构造应力方向，对于地质历史时期构造应力方向的确定来说，这是动力构造地质学研究的基础，也是唯一可行的方法。

　　1. 不同构造对应的应力场

　　（1）节理与应力场

　　节理是在构造应力作用下，岩石超过极限强度而发生的破坏。节理或裂隙的断裂面两侧没有明显位移，而断层的断裂面两侧有较大位移。节理和断层在形成机制上并没有本质区别，其主要区别仅仅是破裂规模大小不同。

　　断层出露地表之后，常常遭受侵蚀，被浮土及植物覆盖，有时难以投到确切位置，也就不能研究断层的力学性质和两盘相对位移的方向了。断层规模越大，断层面露头常常越不好，在这种地区恢复地质构造应力场就主要依靠中、小型构造乃至显微构造。只有先确定节理确实是由区域内构造活动作用导致的，才能利用节理来确定相关主应力方向。因为节理的成因多样，在不同条件下生成不同性质的节理，要区别于构造节理。

　　① 张节理和主应力方向

　　张节理一般说来是一种比较弱的构造变形，也是一种常见的小构造现象。张节理一般与最大主压应力（σ_1）、中间主应力（σ_2）平行，而与最小主压应力方向（σ_3）垂直（万天丰，1983、1990、1992、1997；Hancock P L，1986；龚生权，2006）。

② 剪节理和主应力方向

在构造应力作用下形成的剪节理和主应力方向的关系，与断层和主应力方向情况类似，不过仅用一条剪节理来确定主应力方向把握不大，结合共轭剪节理来判断相应主应力方向，结果则相对可靠。最大主应力轴（σ_1）与最小主应力轴（σ_3）都位于共轭的两组剪节理的等分线上，要正确判定 σ_3 与 σ_1 的方位，问题比较多。一般来讲，在长期较强的地质作用或韧性破裂条件下，剪切角才可大于45°；而脆性破裂条件下，剪切角都小于45°。

想要相对准确地用共轭剪节理来确定最大或最小主应力轴，先弄清共轭剪节理的互相切错关系和两组剪节理的相对位移方向是重中之重。由于受多次构造运动作用，岩石露头上往往发育多组错综复杂的节理。同一套共轭剪节理，即在同一个应力场作用下形成的一对剪节理一般应该具有下列特点：共轭剪节理以近于90°的角度相交切，具有近似的间距，或者说近似的密度；共轭剪节理一般是同期形成；共轭剪节理一般有微量位错，一组表现为左行，则另一组表现为右行。剪节理位错关系，可以用节理彼此间或被切断的其他标志物（砾石、岩层或岩性界限）的相对错动方向来确定，也可以用羽列来判断，还可以用剪节理面上的擦痕来判断。而反过来，不具备以上特点的剪节理就不是同期剪节理。剪节理的密度不同、发育程度不同、充填物特征不同；两组剪节理总是相互切割或限制；两组剪节理产状一致，相对位错方向不一致；或两组剪节理产状不一致，尽管相交，但相对位错方向却相同等，都不是同期的共轭剪节理。

（2）断层与应力场

断层可以分为以下几种：

① 正断层：最大主压应力方向垂直于水平地面，中间主应力和最小主压应力平行于水平地面，中间主应力与断层线走向平行。此时产生正断层容易呈现反向陡倾斜特征。

② 逆断层：最大主压应力和中间主应力都是平行于水平地面，最大主压应力垂直于断层走向，最小主压应力垂直于水平地面。此时产生逆断层容易呈现反向缓倾斜特征。

③ 走滑断层：最大主压应力与最小主压应力都平行于水平地面，中间主应力为垂直于水平地面。此时容易在平面上观察到一对共轭走滑断层。

应用安德森方法，可以较好地分析共轭断层的主应力方向，以恢复其应力状态。此种方法概略阐明了断层产状与主应力方向之间的关系特征，其基本原则至今仍然适用。在野外，当断层性质能够很清楚地被加以鉴别，并且又能根据其切错关系来确定共轭关系时，用这种方法来推断主应力方向并不困难，也是最有把握的。然而，要确定大中型断层的共轭关系并不容易，有时也不好发现。已知断层面产状、初始位移的方位以及断层与最大主压应力轴之间的夹角，那么三个主应力轴方位就可以在吴氏网上用图解法求得。

（3）韧性剪切带与应力场

韧性剪切带恢复主应力方向与脆性剪切带中的原则是相类似的，最小主压应力轴位于伸张区的等分角线上，最大主压应力轴位于压缩区的等分角线上。主要区别仅在于剪切角的大小。对于脆性破裂，剪切角一般都小于 45°，即共轭角小于 90°；而对于韧性剪切，剪切角一般都大于 45°，即共轭角大于 90°。

（4）褶皱、小构造、显微构造与应力场

许多小型构造现象在野外出露得较好，易于观察。小构造来反映区域构造应力方向时，必须从全局的角度来考虑，用统计的方法，排除各种局部的干扰因素。根据构造应力作用方式与褶皱形成关系，可以把褶皱分为纵弯褶皱、同斜褶皱、横弯褶皱以及如滑褶皱、柔流褶皱等一些过渡类型的褶皱。

纵弯褶皱（包括弯滑褶皱与弯流褶皱）是一种最常见的褶皱类型，其是在顺层挤压力的作用下形成的。如果褶皱形态简单或者轴面几乎直立，此时轴面即压性结构面，它与最大主压应力轴（σ_1）相垂直，最小主压应力轴（σ_3）则必定包含在轴面内，并与枢纽线垂直，褶皱枢纽线即相当于中间主应力轴（σ_2）。

同斜褶皱，其轴面对于近直立且高度紧闭的褶皱作用十分强烈，这时进行构造应力状态分析，一般会比较可靠。此时，利用褶皱枢纽和轴面产状来恢复三个主应力轴方位，应该是比较可靠的。

横弯褶皱是在岩层和外力作用方向垂直时造成的，在地壳差异升降运动、岩浆岩体顶蚀及冷却坍塌、盐丘底辟等作用影响下都可以出现，沉积盆地中的同沉积褶皱为较常见者。横弯褶皱的最大主应压应力方向是比较好确定的，都与原始岩层面方向垂直。横弯褶皱的中间主应力与最小主应力一般难以确定，综合野外经验来讲，其长轴方向多为中间主应力轴方向，短轴方向则一般为最小主应力轴方位。

很多小构造都具有这种特点，如流劈理、片理、构造透镜体以及香肠构造等。流劈理又称板劈理、片麻理、片理，是岩层、岩体或矿体在地应力作用或变质作用下，沿着一定方向产生的裂隙构造。在强烈褶曲的岩层、断层两侧的岩体和变质岩内较为发育。尽管不同学者对其成因有不同意见，但对其应力状态的关系却是没有分歧的，都认为最大主压应力方向是垂直于上述面理构造的。

在利用小构造恢复主应力方向时，有一些小构造只能比较容易地确定中间主应力方向，如窗棂构造、皱纹线理、交面线理、杆状构造（石英棒）等各种 b 轴线理（线性构造）。这种 b 轴线理方向，一般平行于中间主应力轴方向。在水平挤压作用很强烈的地区，这些 b 轴线理一般是和区域的褶皱轴线平行的。最小主压应力方向（σ_3）有时就是最大拉伸方向，可相当于最大应变（A）轴方向，常常就是岩石在流变时矿物颗粒或集合体的最大拉长方向，如擦痕、矿物生长线理等（表6-3）。

表6-3 构造应力方向与构造形变表（万天丰，1993）

构造应力方向	构造形变
最大主压应力方向	共轭剪节理，追踪张节理系，雁列张节理系，缝合线构造，共轭韧性剪切带，纵弯褶皱，一组面理（轴面劈理、板理、片理、片麻理、流劈理或者构造透镜体的 AB 面），沉积等厚线长轴方向，同生断层走向等
中间主压应力方向	共轭剪切节理，一组 B 线理（窗棂构造、交面线理、石英棒、皱纹线理）纵弯褶皱等
最小主压应力方向	张性断层，共轭剪节理，一组 A 线理（拉长线理、矿物生长线理）等

（5）显微构造与应力场

光轴方位等结晶参数以及变形纹、双晶纹等显微组构要素能用来确定主应力方向。其中，以几种造岩矿物研究得较多，如方解石、白云石和石英等。对方解石组构的优选方位及其动力学解释，研究得最多，一般认为对方解石的分析比较有把握。同时石英的变形纹不是严格受结晶格架控制的，而是愈合的剪切破裂，两组剪切性的变形纹的交角通常是锐角，故而最大主压应力轴方向与变形纹一般呈小于 $45°$ 的夹角。

（6）磁组构与应力场

在一定温压条件和构造应力作用下，岩石中的磁性颗粒或磁性矿物发生定向重结晶、韧性变形或者定向排列，从而导致不同方向上磁化率的差异，表现出岩石的磁化率各向异性（Anisotropy of Magnetic Susceptibility，AMS）。作为变形岩石，磁化率各向异性记录了应变特征，即磁组构。块体碰撞时产生的构造应力可以反映在岩层的微观构造、内部磁组构等信息中，因此可以通过研究地层的这些特征恢复地层沉积后所遭受的构造应力场信息。大量研究发现，岩石磁化率椭球体 3 个主轴（k_1，k_2，k_3）方向与应变椭球体 3 个轴之间具有良好的对应性，磁组构能够记录变形初始阶段的古应力信息，且如果后期没有更大的应力影响，初始变形时的主应力方向不会被后期应力改造，会较准确地给出古应力形成及后期的应力变化状况（Somma R，2006）。

2. 构造应力场分析方法

（1）用共轭节理求应力场

对古构造应力场相关参数的求取，主要通过野外观察研究共轭剪节理，并根据构造互动期次分别进行统计测量，进而利用节理数据软件求解研究区古构造应力场。最后将这些应力进行汇总，根据断层之间的切割关系、岩脉贯入和切割等，节理分期和配套，对古构造应力场进行分期。

根据构造地质学理论，在同一构造应力场中形成的节理，与主应力轴方位具有一定几何关系（图 6-9）。一般共轭节理锐角平分线平行于最大主应力轴 σ_1 方向，共轭剪节理交线平行于 σ_2 方向；张节理则通常垂直于最小主应力轴 σ_3 方向。根据这一个几何原则，用赤平投影方法可以做出各观察点主应力轴方位和剪切角大小的图件。目前国内外有很多基于赤平投影原理开发的应用程序，如 Strereo 32 等。在进行软件处理之前，一般来说，进行岩层产状的复平非常必要。在野

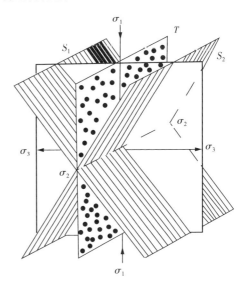

图 6-9　共轭剪节理与主应力轴关系示意图

外，自然界的岩层大多数先期发生褶皱、断裂乃至倾斜，经历多期构造运动改造，相应地层上节理自然会随之发生倾斜。如此以来，测量得知的节理产状不再是岩层水平状态下的原始产状，所以想要得到准确结果，进行岩层复平很有必要。在有节理相关产状参数的情况下，利用赤平投影软件可以自动进行岩层的复平。

（2）用断层擦痕求应力场

对脆性变形的岩层进行古构造应力场的恢复是进行地壳构造变形历史和动力学研究的重要手段之一。主要是通过野外对带有擦痕线理的断层进行大量观察和测量，并通过应力场软件计算出准确的三轴应力方位值，最后将这些应力进行汇总，对比擦痕获得各个阶段的应力状态。对应力场的反演方法主要是通过野外数据的采集和室内应力场软件处理（Win - Tensor 软件），得出应力场方向和相关参数。

首先确定研究区域，在研究区内寻找出露较好、擦痕明显、运动指向可确定的断层，测量 8 组以上的断层面产状和擦痕产状，包括断层面倾向、倾角，擦痕的侧伏向、侧伏角或倾伏向、倾伏角。Orife 和 Lisle（2006）通过实际分析表明至少需要 8 组断层滑动矢量数据，才能获得比较准确的古应力场结果。

6.2.9 构造年代学

目前，构造变质变形作用的精细年代学研究正成为造山带研究的热点之一，同时也是困扰地质学家，尤其是构造地质学家的难点之一。构造变形年龄的确定，常用方法可以概括为两大类，即相对年龄的限定和绝对年龄的测定：相对年龄的限定其原理主要是利用已知年龄的未变形岩石、地质体与遭受变形的岩石、地质体来限定构造变形年龄的上、下限，进而约束变形事件的相对年龄；而绝对年龄的测定则涉及同位素年代学、封闭温度理论、热年代学等多个方面。

同位素年代学是根据放射性同位素衰变规律来确定地质体形成和地质事件发生的时代。目前，常用的精度比较高的同位素测年方法主要包括：U－Pb、Ar－Ar（K－Ar）、Rb－Sr、Sm－Nd、Re－Os、（U－Th）/He、FT、^{14}C、TL、ESR 等方法。不同的同位素测年方法具有特定的测年对象和独特的测年范围，因此具有不同的适用性（图 6－10）。

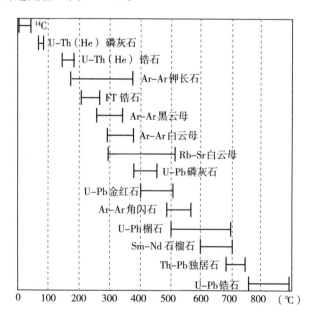

图 6－10　不同同位素体系下不同矿物的封闭温度

起初，人们认为同位素测年方法获得的结果为唯一正确的年龄，因而称其为地质体形成的绝对年龄。但是 1973 年，Donson 提出了封闭温度的理论假设，该假设认为不同的同位素体系针对不同的测年矿物有不同的记时条件，亦即有一个临界温度，如果体系的温度高于同位素记时的边界条件，则体系是开放的，时钟不记录时间；反之则开始记时，该温度即为该同位素体系的封闭温度。封闭温度的提出为年龄赋予了温度含义，由此提出了热年代学（王瑜和周丽云，2008）。

从理论上讲，热年代学还不能真正解决构造变形时代问题，因为所测定的变形矿物或者受到变形影响的岩石或矿物的年龄可能不是变形年龄，而是冷却年龄。要想获得精确的变形年龄要确定是否有新生矿物，这些新生矿物是否平行线理展布以及是否有变形的叠加改造、矿物结构的变化等（王瑜和周丽云，2008）。

迄今，已有多种同位素体系被用来确定构造带内构造-热事件或变质变形事件的年龄，尤其是 Ar－Ar 法应用最广。下面将以此法为例简单介绍测年过程：

Ar－Ar 法同位素定年源自 K 的衰变体系。K 元素中的^{40}K 是一个具有两种衰变子体的分支衰变过程的同位素，其中一个衰变过程是^{40}K 发射出一个负电子并直接衰变成为基态的^{40}Ca，这一部分衰变占总衰变的 89.52%；另一个过程是 10.48%的^{40}K 通过 K 层电子捕获衰变成^{40}Ar。后者是 Ar－Ar（K－Ar）法定年的基本依据。

Ar－Ar 法年龄测定是以含钾矿物在核反应堆中用快中子照射而形成 Ar 为基础的，所期望的核反应为^{39}K→^{39}Ar。Ar－Ar 法的年龄计算公式：

$$t = 1/\lambda \ln (J \times {}^{40}Ar^* / {}^{39}Ar + 1) \tag{6-10}$$

式中：J 为每次照射样品的照射参数，无量纲，它的物理意义其实是中子通量检测器，可由每次同期照射的年龄已知的标准样品得出；^{40}Ar*为放射性成因^{40}Ar；^{39}Ar 为快中子照射而形成的^{39}Ar；λ 为总衰变常数。

用上述方法所得到的年龄称为"全部 Ar 释放年龄"，这些年龄具有一定的局限性，因为它们都取决于假设放射成因^{40}Ar 没有从样品中逃脱过，也没有过剩^{40}Ar 的存在。然而，该方法避开了钾与氩在样品中的不均一分布问题，因为只需测定一份样品即可，而且只需求氩的同位素比值。但在实际中还需要对空气氩进行校正和干扰元素的校正。

目前常用的年龄测定方法有两种：阶段升温加热测年法和激光显微探针 Ar－Ar 微区测年法。

阶段升温加热测年法是指根据不同矿物中氩的析出特性，选择若干温度段，把从各温度区间所萃取的 Ar 分别进行 Ar 同位素分析，以此得到相应的阶段年龄，各阶段析出的氩量和同位素丰度以及各分阶段的年龄可能不尽相同。因此，可以显示比常规 K－Ar，Ar－Ar 法更多的信息。经历热事件的样品的年龄谱可在低温阶段出现低年龄，在高温区出现高年龄，接近于样品的形成年龄。

激光显微探针 Ar－Ar 微区测年法的技术原理是用高倍显微镜在磨光的岩石光片（厚 0.5～2 mm）上找到待测矿物，然后把激光束通过棱镜引入显微镜光路中聚焦到矿物上使之熔化，释放出 Ar 气体进行年龄测定。

变形年龄是同位素体系所记录的变形发生的时间，要判定某一个年龄值是否为变形年龄，首先要确定热事件温度是否高于其封闭温度和热事件中的同位素是否发生重置。

矿物变质变形过程中的扩散作用主要取决于 3 个温度值：①原始矿物颗粒封闭温度；②新晶粒的封闭温度；③变形作用过程的温度。如果变形作用发生的温度高于矿物的封闭温度，则最终所得到的年龄为冷却年龄。如果变形作用发生的温度低于矿物的封闭温度，则应分为两种情况考虑：若是没有新晶粒的产生，同位素系统也就没有发生重置，所得的年龄为上一次热事件年龄；如果产生了新晶粒，则系统记录的为变形年龄。但如果仅生成部分新晶粒，仍有许多变形前的颗粒保存着，则 Ar - Ar 法的坪年龄表现出极差的相关性，所得到的年龄也不代表任何地质事件（王勇生和朱光，2005）。

因此，要对年龄数据进行准确的解释，除了要知道矿物的封闭温度以外，还必须得到变形作用过程中温度条件信息。通常得到变形温度的方法主要有：利用地质温度计，对同变形矿物进行温度估算；利用变形矿物组合及矿物的变形行为及机制来估算变形温度。

在常规 Ar - Ar 法中，以下四种情况可获得变形年龄：①有新晶粒产生，并且变形温度低于新晶粒的封闭温度。②变形过程导致颗粒粒径减小，变形温度低于新生颗粒的封闭温度，并使颗粒中的同位素体系发生重置。③变形过程中发生颗粒次生加大，并且颗粒次生加大过程的温度高于原始颗粒的封闭温度，低于新生颗粒的封闭温度。④矿物在变形作用之后快速冷却，并且其冷却时间在 Ar - Ar 法年龄测定的误差范围之内（王勇生和朱光，2005）。

钾是常量元素，原则上含钾的矿物都可以用于 Ar - Ar 定年，但是考虑到岩石或矿物对氩的保存性，并不是所有的岩石和含钾矿物用作 K - Ar 法年龄测定的对象。一般认为，角闪石、黑云母、白云母、高温碱长石等是 Ar - Ar 法年龄测定的理想矿物。

参考文献

［1］何永年，林传勇，史兰斌．构造矿物学［M］.北京：科学出版社，1988.

［2］胡玲．显微构造地质学概论［M］.北京：地质出版社，1998.

［3］金泉林．超塑变形的力学行为与本构描述［J］.力学进展，1995，25（2）：260-275.

［4］金振民．上地幔流变学［M］//肖庆辉，李晓波，刘树臣，等．当代地质科学前沿——我国今后值得重视的前沿研究领域．武汉：中国地质大学出版社，1993.

［5］李化启，梁一鸿，马瑞．动态熔融过程中岩石的剪切压熔作用及变形-熔融结构模型［J］.地质学报，2006，80（8）：1161-1168.

［6］李三忠，刘建忠．变斑晶晶内显微构造特征及其成因综述［J］.地质科技情报，1997，16（1）：46-52.

［7］林传勇，史兰斌，陈孝德，等．福建明溪上地幔热结构及流变学特征［J］.地质论评，1999（4）：352-360.

［8］刘俊来．岩石变形机制与流变学研究的近期发展——显微构造、变形机制与流变学国际会议简介［J］.地质科技情报，1999，18（3）：11-15.

［9］刘俊来．变形岩石的显微构造与岩石圈流变学［J］.地质通报，2004，23（9-10）：980-984.

［10］刘俊来．上部地壳岩石流动与显微构造演化——天然与实验岩石变形证据［J］.地学前缘，2004，11（4）：503-508.

［11］刘正宏，徐仲元．变质构造岩类型及其特征［J］.吉林大学学报，2007，37（1）：24-30.

［12］罗震宇，金振民．岩石超塑性变形及其地球动力学意义综述［J］.地质科技情报，2003，22（1）：17-22.

［13］彭少梅．岩石变形变质过程中体积变化的估算方法［J］.地质科技情报，1994，13（1）：107-112.

［14］任升莲．秦岭伏牛山构造带的变质-变形分析［D］.合肥：合肥工业大学，2013.

［15］宋传中，张国伟．东秦岭造山带的流变学及动力学分析［J］.地球物理学

报，1998，41 (suppl)：55 - 62.

[16] 宋传中．秦岭—大别山北部后造山期构造格架与形成机制[J]．合肥工业大学学报（自然科学版），2000，23 (2)：221 - 226.

[17] 宋传中．东秦岭造山带地学断面的结构、流变学分层及动力学分析[M]．合肥：中国科技大学出版社，2000.

[18] 孙岩，舒良树，刘德良．论构造分层、流变分层和化学分层作用——以中下扬子区倾滑断裂系统为例[J]．南京大学学报，1997，33 (1)：82 - 90.

[19] 索书田．大陆岩石圈的流动特征 [M] //肖庆辉，李晓波，刘树臣，等．当代地质科学前沿——我国今后值得重视的前沿研究领域．武汉：中国地质大学出版社，1993.

[20] 万天丰．古构造应力场[M]．北京：地质出版社，1988.

[21] 王娟，宋传中．蚌埠隆起区石榴辉石岩变质 PT 轨迹及年代学研究[J]．地质科学，2016，51 (4)：1223 - 1245.

[22] 王娟．蚌埠隆起区的变质-变形年代学特征及其地质意义 [D]．合肥：合肥工业大学，2018.

[23] 王小凤，1993．构造矿物学 [M] //肖庆辉，李晓波，刘树臣，等．当代地质科学前沿——我国今后值得重视的前沿研究领域．武汉：中国地质大学出版社．

[24] 王勇生，朱光．$^{40}Ar/^{39}A$ 测年中的冷却年龄和变形年龄[J]．地质通报，2005，24 (3)：285 - 290.

[25] 王瑜，周丽云．从同位素年代学到构造年代学[J]．地质通报，2008，27 (12)：2014 - 2019.

[26] 吴春明，陈泓旭．变质作用温度与压力极限值的估算方法[J]．岩石学报，2013，29 (5)：1499 - 1510.

[27] 赵中岩．压溶——挪威斯匹次卑尔根西部浅变质岩变形机制之探讨[J]．科学通报，1985 (2)：125 - 127.

[28] 赵中岩，方爱民．超高压变质岩的塑性流变显微构造和变形机制[J]．岩石学报，2005，21 (4)：1109 - 1115.

[29] 郑亚东，常志忠．岩石有限应变测量及韧性剪切带[M]．北京：地质出版社，1985.

[30] 钟增球，郭宝罗．构造岩与显微构造[M]．武汉：中国地质大学出版社，1991.

[31] 钟增球，游振东．剪切带的成分变异及体积亏损[J]．科学通报，1995，40：913 - 916.

［32］朱志澄．构造地质学［M］．武汉：中国地质大学出版社，1999．

［33］庄育勋．递增变质作用若干问题评述［J］．地质科技情报，1994，13－20．

［34］曹淑云，刘俊来，胡玲．角闪石高温脆—韧性转变变形的显微与亚微构造证据［J］．中国地质大学，2007，37（8）：1004－1013．

［35］徐学纯．内蒙古乌拉山地区韧性剪切退化变质作用与金矿的关系［J］．矿产与地质，1991，21（5）：107－113．

［36］游振东．剪切带的变质作用［J］．地质科技情报，1985，4（1）：33－42．

［37］王新社，郑亚东，侯贵廷，等．用动态重结晶石英颗粒的分形确定变形温度及应变速率［J］．岩石矿物学杂志，2001，20（1）：36－41．

［38］吴小奇，刘德良，李振生，等．滇西主高黎贡韧性剪切带糜棱岩形成时限的初探［J］．大地构造与成矿学，2006，30（2）：136－141．

［39］梁东方，李玉梁．测量分维的"数盒子"算法研究［J］．中国图象图形学报，2002，7（3）：246－250．

［40］许志琴，李海兵，杨经绥，等．东昆仑山南缘大型转换挤压构造带和斜向俯冲作用［J］．地质学报，2001，75（2）：156－164．

［41］赵仁夫，何芳．韧性剪切带位移量统计方法评述——以西秦岭元家坪韧性剪切带为例［J］．甘肃地质，2000，9（2）：37－42．

［42］韩建军，宋传中，李加好，等．桐柏造山带中剪切带的位移量及年代学研究［J］．地质科学，2015，50（3）：824－833．

［43］李海龙，宋传中，李加好，等．桐柏杂岩北界剪切带的变质变形分析及归属讨论［J］．地质论评，2017，63（2）：347－362．

［44］万天丰．关于共轭断裂剪切角的讨论［J］．地质论评，1984，30（1）：106－113．

［45］万天丰，朱鸿．华南晚元古代—三叠纪构造事件与应力场［J］．现代地质，1990，4（2）：67－76．

［46］万天丰，曹瑞萍．中国中始新世—早更新世构造事件与应力场［J］．现代地质，1992，6（3）：275－285．

［47］万天丰，曹秀华．中国三叠纪中晚期—早更新世构造应力值的估算［J］．地球科学，1997，22（2）：145－152．

［48］Ashby M F，Verrall R A．Diffusion - accommodated flow and superplasticity［J］．Acta Metallugica，1973，24：149－161．

［49］AveLallemant H G，Carter N L．Syntectonic recrystallization of olivine and 1110des：of flow in the upper mantle［J］．Bulletin of the Geological Society of America，1970，（818）：2203－2220．

[50] BellT H, Forde A, Hayward N. Do smoothly – curving spiral – shaped inclusion trails signify porphyroblast ro tation? [J] . Geology, 1993, 21: 480 – 481.

[51] Bell T H, Fleming P D, Rubenach M J. Porphroblast nucleation growth and dissolution in regional metamorphic rocks as a function of deformation partitioning during foliation development [J]. Metatorphic Geology, 1986, 4 (1): 37 – 67.

[52] Boland J N, Roermund H L M van. Mechanisms of exsolution in omphacites from high temperature, type B, eclogites [J]. Physics and Chemistry of Minerals, 1983, 9: 30 – 37.

[53] Boullier A M, Gueguen Y. SP – mylonites: Origin of some myonites by superplastic flow [J]. Contrib Mineral Petrol, 1975, 50: 93 – 104.

[54] Zhang H B, Bjornerud M. A menu – driven Mac Intosh program for simulating shear – sense indicator development [J]. Geological Society of America, Abstracts with Programs, 1992, 24: 184.

[55] Burkhard M. Calcite twins, their geometry, appearance and significance as stress – strain markers and indicators of tectonic regime: A review [J]. Journal of Structural Geology, 1993, 15 (3 – 5): 351 – 368.

[56] ChoukrouneP, Francheteau J, Auvray B, et al. Tectonics of an incipient oceanic rift [J]. Marine Geophysical Researches, 1988, 9 (2): 147 – 163.

[57] Cobbold P R, Gapais D. Shcar critcria in rocks: an introductory review [J]. Journal of Structural Geology, 1987, 9: 521 – 523.

[58] Davis G H, Gardulski A F, Lister G S. Shear zone origion of quartzite mylonitic pegmatite in the Coyote Mountains metamorphic core complex, Arizona [J]. Journal of Structural Geology, 1987, 9 (3): 289 – 297.

[59] Dell'Angelo L N, Tullis J Yund R A. Transition from dis location creep to melt – enh anced diffusion creep in fine – grained granitie aggregates [J]. Tectonophysics, 1987, 139: 325 – 332.

[60] Dimanov A, Dresen G, Wirth R. High – temperature creep of partially molten plagioclase aggregates [J]. Journal of Geophysical Research, 1998, 103 (B5): 9655 – 9660.

[61] Doukhan N, Sautter V, Doukhan J C. Ultradeep, ultramafic mantle xenoliths: transmission electron microscopy preliminary results [J]. Thysics of the Earth and Planetary Interior, 1994, 82: 195 – 207.

[62] Durham W B，Goetze C，Blake B. Plastic flow of oriented single crystals of olivine: 2，Observations and interpretations of the dislocation structures [J]. Journal of Geophysical Research，1977，82: 5755 – 5770.

[63] Durham J W，Sarjeant W，Yochelson E L. The status of microform as publication Z. N. （S.）2182 [J]. Bullrtin of Zoological Nomenclature，1977，34 （1）: 9 – 10.

[64] Eiko Kawamoto，Toshihiko Shimamoto. The strength profile for bimineralic shear zones: an insight from high – temperature shearing experiments on calcite – halite mixtures [J]. Tectonophysics，1998，295: 1 – 14.

[65] Etheridge M A，Cooper J A. Rb/Sr isotopic and geochemicalevolution of a recrystallized shear zone at Broken Hill [J]. Contribution to Minerology & Petrology，1981，78: 74 – 84.

[66] Evans J P. Deformation mechanisms in granitic rocks at shallow crustal levels [J]. Journal of Structural Geology，1988，10: 437 – 443.

[67] Fay C，Bell T H，Hobbs B E. Porphyroblast rotation versus nonrotation: conflict resolutionl [J]. Geology，2008，36: 307 – 310.

[68] Ferrill D A，Morris A P. Contrasting styles of fault zone deformation in limestones of the Glen Rose Formation，Edwards Group，and Buda limestone in the Balcones fault system，south – central Texas [J]. Geological Society of America Abstracts with Programs，2005，37 （7）: 215.

[69] Gilotti J A，Hull J M. Phenomenological superplasticity in rocks [J]. Geological Society London Special Publications，1990，54 （1）: 229 – 240.

[70] Gleason G C，Tullis J，Heidelbach F. The role of dynamic recrystallization in the development of lattice preferred orientations in experimentally deformed quartz aggregates [J]. Journal of Structural Geology，1993，15: 1145 – 1168.

[71] Green H W. Solving the paradox of deep earthquakes [J]. Scientific American，1994，271 （3）: 64 – 71.

[72] Green H W II，Burnley P C. A new，self – organizing，mechanism for deep – focus earthquakes [J]. Nature，1989，341: 733 – 737.

[73] Griggs D T，Turner F J，Heard H C. Deformation of rocks at 500℃ to 800℃. In: D. Griggs and J. Handin （Editors），Rock Deformation [J]. Geol. Soc. Am. Mem. 1960，79: 39 – 104.

[74] Hacker B R，Christie J M. Brittle – ductile and plastic – cataclastic transitions in experimentally deformed and Metamorphosed Amphibolite [M] //

The Brittle – Ductile Transition in Rocks. American Geophysical Union (AGU), 2013.

[75] Heard H C. Transition from brittle fracture to ductile flow in Solenhofen limestone as a function of temperature, confining pressure, and interstitial fuid pressure [J]. Mem. Geol. Soc. Am. , 1960, 79: 193 – 226.

[76] Heilbronner R, Tullis J. Evolution of c – axis pole figures and grain size during dynamic recrystallization: Results from experimentally sheared quartzite [J]. Journal of Geophysical Research, 2006, 111: B10202.

[77] Hirth G, Teyssier C, Dunlap W J. An evaluation of quartzite flow laws based on comparisons between experimentally and naturally deformed rocks [J]. International Journal of Earth Science, 2001, 90 (1): 7 – 87.

[78] Hopper J R, Buck W R. Effect of lower crustal flow on continental extension and passive margin formation [J]. Journal of Geophysical Research: Solid Earht, 1996, 101 (B9): 20175 – 20194.

[79] Hull D, Bacon D J. Introduction to Dislocations [M]. Oxford: Pergamon Press, 1984.

[80] Ito E, Sato H. A seismicity in the lower mantle by superplasticity of the descending slab [J]. Nature, 1991, 351: 140 – 141.

[81] Jamison W R, Spang J H. Use of calcite twin lamellarto infer differential stress [J]. Geological Society of America Bulletin, 1976, 87 (6): 868 – 872.

[82] Jessup M J, Law R D, Frassi C. The Rigid Grain Net (RGN): An alternative method for estimating mean kinematic vorticity number [J]. Journal of Structural Geology, 2007, 29: 411 – 421.

[83] Karato S I, Wu P. Rheology of the upper mantle: a synthesis [J]. Science, 1993, 260: 771 – 778.

[84] Karato S I, Jung H. Water, partial melting and the origin of the seismic low velocity and high attenuation zone in the upper mantle [J]. Earth and Planetary Science Letters, 1998, 157 (3 – 4): 193 – 207.

[85] Karato S, Zhang S, Wenk H. Superplasticity in earth's lower mantle: Evidence from seismic anisotropy and rock physics [J]. Science, 1995, 270: 458 –461.

[86] Kirby S H. Tectonic stresses in the lithosphere: Constraints provided by experimental deformation of rocks [J]. Journal of Geophysical Research, 1980, 89: 6353 – 6363.

［87］Kolle' J，Blacic J. Deformation of single – crystal clinopyroxene: Mechanical twinning in diopside and hedenbergite ［J］. Joumal of Geophysical Research，1982，87 (B5): 4019 – 4034.

［88］Koch P S. Rheology and Microstructures of Experimentally Deformed Quartz Aggregates ［D］. Los Angeles: University of California，1983.

［89］Koch P S，Christie J M，Ord A，et al. Effect of water on the rheology of experimentally deformed quartzite ［J］. Journal of Geophysical Research，1989，94 (B10): 13975 – 13996.

［90］Kruhl J H，Nega M. The fractal shape of sutured quartz grain boundaries: application as a geothermometer ［J］. Geologishe Rundschau，1996，85: 38 – 41.

［91］Kronenberg A K，Tullis J. Flow strengths of quartz aggregates: Grain size and pressure effect due to hydrolytic weakening ［J］. Journal of Geophysical Research，1984，89 (B6): 4281 – 4297.

［92］Law R D，Searle MP，Simpson RL. Strain，deformation temperatures and vorticty of flow at the top Greater Himalayan Slab，Everest Massif，Tibel ［J］. Journal of the Geological Societty，2004，161 (2): 305 – 320.

［93］Lee J，Miller E L，Sutter J F. Ductile strain and mctamorphism in an extensional tectonic setting: a case study from the northern Snake Range，Nevada，USA ［J］. Geological Society of London，1987，28 (1): 267 – 298.

［94］Masuda T，Mizuno N. Deflection of pure shear viscous flow around arigid spherical body ［J］. Journal of Structural Geology，1995，17 (11): 1615 –1620.

［95］Masuda T，Mochizuki S. Development of snowball structure: nunerical simulation of inclusions trails during synkinem aticporphyroblast growth in meta-morphic rocks ［J］. Tectonophysics，1989，170: 141 – 150.

［96］Nicolas A，Poirier J P. Crystalline Plasticity and Solid State Flow in Metamorphic Rocks ［M］. New York: John Wiley and Sons，1976.

［97］Oberthür T，Blenkinsop T G，Hein U F，et al. Gold mineralization in the Mazowe area，Harare – Bindura – Shamva greenstone belt，Zimbabwe: Ⅱ. Genetic relationships deduced from mineralogical，fluid inclusion and stable isotope studies，and the Sm – Nd isotopic composition of scheelites ［J］. Mineralium Deposita，2000，35 (2 – 3): 126 – 137.

［98］Panasyuk S V，Hager B H. A model of transformational superplasticity in the upper mantle [J]. Geophysical Journal International, 1998, 33: 741 –755.

[99] Parrish D K, Krivz A L, Carter N L. Finite – element folds of similar geometry [J]. Tectonophysics, 1976, 32 (3 – 4): 183 – 207.

[100] Passchier C, Trouw R. Microtectonics [M]. Berlin: Springer, 2005.

[101] Passchier C, Cees W. Structural geology across a proposed Archaean terrane boundary in the eastern Yilgarn craton, Western Australia [J]. Precambrian Research, 1994, 68 (1 – 2): 43 – 64.

[102] Paterson M S. The determination of hydroxyl by infrared absorption in quartz, silicate glasses and similar materials [J]. Bulletin de Mineralogie, 1982, 1 (5): 20 – 29.

[103] Paterson M S, Luan F C. Quartzite rheology undergeological conditions [J]. Geological Society, London, Special Publications, 1990, 54 (1): 299 –307.

[104] Ramsay J G. Shear zone geometry: A review [J]. Journal of Structural Geology, 1980, 2 (1 – 2): 83 – 99.

[105] Ramsay J G, Huber M I. Strain analysis. In: Techniques of modern structural geology [M]. London: Acadamic Press, 1983.

[106] Rosenfeld J L. Rotated garnets in metam orphic rocks [J]. Geological Society of America Special Paper, 1970, 37: 800 – 814.

[107] Sammis C G, Dein J L. On the possibility of transformational superplasticity in the earth's mantle [J]. Journal of Geophysical Research, 1974, 79: 2961 –2965.

[108] Schmid S M, Boland J N, Paterson M S. Superplastic flow in finegrained limestone [J]. Tectonophysics, 1977, 43 (3 – 4): 257 – 291.

[109] Scholz C H. The critical slip distance for seismic faulting [J]. Nature, 1988, 336 (6201): 761 – 763.

[110] Schoneveld, Chr. A study of some typical inclusion patterns in strongly paracrys – talline – rotated garnets [J]. Tectonophysics, 1977, 39: 453 – 471.

[111] Shimada M. Lithosphere strength inferred from fracture strength of rocks at high confining pressures and temperatures [J]. Tectonophysics, 1993, 217 (1 – 2): 55 – 64.

[112] Simpson C. Deformation of granitic rocks across the brittle – ductile transition [J]. Journal of Structural Geology, 1985, 7 (5): 503 – 511.

[113] Smulikowski W，Desmons J，Harte B，et al. Grade and facies of metamorphism [M] //Fettes D，Desmons J. Metamorphic Rocks：A Classification and Glossary of Terms，recommendations of the International Union of Geological Sciences Subcommission on the Systematics of Metamorphic Rocks. Cambridge：Cambridge University Press，2007.

[114] Somma R. The south – western side of the Calabrian Arc (Peloritani Mountains)：Geological，structural and AMS evidence for passive clockwise rotations [J]. Journal of Geodynamics，2006，41 (4)：422 – 439.

[115] Stipp M，Stunitz H，Heilbronner R，et al. The eastern Tonale fault zone：a "natural laboratory" for crystal plastic deformation of quartz over a temperature range from 250 to 700℃ [J]. Journal of Structural Geology，2002，24：1861 – 1884.

[116] Stel H，Breedveld M. Crystallographic orientation patterns of myrmekitic quartz：a fabric memory in quartz ribbon – bearing gneisses [J]. Journal of Structural Geology，1990，12 (1)：19 – 28.

[117] Takahashi M，Nagahama H，Masuda T. Fractal analysis of experimentally，dynamically recrystallized quartz grains and its possible application as a strain rats meter [J]. Journal of structural Geology，1998，20 (2/3)：269 – 273.

[118] Takeshita T，Wenk H R，Lebensohn R. Development of preferred o-rientation and microstructure in sheared quartzite：comparison of natural data and simulated results [J]. Tectonophysics，1999，312：133 – 155.

[119] Taylor G I. Conical Free Surfaces and Fluid Interfaces. Proc. Int. Cong of Appl. Mech. ，Munich，Springer－Verlag，1964，790.

[120] Ter Heege J H，De Bresser J H P，Spiers C J. Composite flow laws for crystalline materials with log – normally distributed grain size：Theory and application to olivine [J]. Journal of Structural Geology，2004，26：1693 – 1705.

[121] Tullis J，Yund R A. Diffusion creep in feldspar aggregates：experimental evidence. Journal of Structural Geology，1991，13：986 – 1000.

[122] Twiss R J. Structural superplastic creep and linear viscosity in the earth's mantle [J]. Earth and Planetary Science Letters，1976，33：86 – 100.

[123] Twiss R J. Static theory of size variation with stress for subgrains and dynamically recrystallized grains [J]. U. S. Geol. Surv. Open File Rep，1980，80 –625，665 – 683.

[124] Uwe Ring. Volume loss，fluid flow，and coaxial versus noncoaxial

deformation in retrograde, amphibolite face shear zone, northern Malawi, east central Africa [J]. Geological Society of America Bulletin, 1999, 111 (1): 123 -142.

[125] Vernon R H. Review of microstructural evidence of magmatic and solid - state flow [J]. Electronic Geosciences, 2000, 5: 2.

[126] Vernon R H. Optical microstructure of partly recrystallized calcite in some naturally deformed marbles [J]. Tectonophysics, 1981, 78, 601 - 612.

[127] Von Karman T. Festigkeitsversuche unter allsitigem druck [J]. Zeitschrift Verein Deutscher Ingenieure, 1911, 55 (42): 1749 - 1757.

[128] Wang Z C, Ji S C. Diffusion creep of fine - grained gernetite: Implications for the flow strength of subducting slabs [J]. Geophysical Research Letters, 2000, 27 (15): 2333 - 2336.

[129] Weathers M S, Bird J M, Cooper R F, et al. Differential stress determined from deformation - induced microstructures of the Moine thrust [J]. Journal of Geophysical Research, 1979, 84 (B): 7495 - 7509.

[130] Wise D U, Dunn D E, Engelder J T, et al. Fault related rocks: suggestions for terminology [J]. Geology, 1984, 12: 391 - 394.

[131] Zwart H J. The chronological succession of folding and metamorphism in the central pyrenees [J]. Geologische Rundschau, 1960, 50 (1): 203 - 218.

[132] Carter N L, Raleigh C B. Principal Stress Directions from Plastic Flow in Crystals [J] . Geological Society of America Bulletin, 1969, 80 (7): 1231 - 1264.

[133] Borg I, Handin J. Experimental deformation of crystalline rocks [J]. Tectonophysics, 1996, 3 (4): 249 - 367.

[134] Hirth G, Tullis J. Dislocation creep regimes in quartz aggregates [J]. Journal of Structural Geology, 1992, 14 (2): 145 - 159.

[135] Kawamoto E, Shimamoto T. The strength profile for bimineralic shear zones: an insight from high - temperature shearing experiments on calcite - halite mixtures [J] . Tectonophysics, 1998, 295 (1 - 2): 1 - 14.

[136] Behrmann J H. Crystal plasticity and superplasticity in quartzite: A natural example [J] . Tectonophysics, 1985, 115 (12): 101 - 129.

[137] Cooper R F, Kohlstedt D L. Solution - precipitation enhanced diffusiona; creep of partially molten olivine - basalt aggregates during hot - pressing [J] . Tectonophysics, 1984, 107 (3 - 4): 207 - 233.